# Zeitwerte für Dach-, Wand- und Abdichtungstechnik

## Erfahrungswerte nach Gebäudetypen

5. Auflage

Stand: April 2022

Alle Daten als Download

**Hinweis zum Download**

Alle Zeitwerte stehen für Käufer des Ordners als PDF-Datei zum Download zur Verfügung. Sämtliche Positionen und Werte können in Excel exportiert und dort dann weiter verarbeitet werden. Darüber hinaus verfügt die PDF-Datei über eine komfortable Suche durch die Vielzahl der Leistungspositionen. So lassen sich die Leistungstexte und Zeitwerte schnell und gezielt finden.

Sie finden die Downloaddatei in unserem Online-Shop unter:
*https://www.baufachmedien.de/zeitwerte-download* oder über untenstehenden QR-Code.
Zum Öffnen der heruntergeladenen Zip-Datei verwenden Sie bitte folgendes Passwort:
#ZeitWerte22*

erstellt von den Fachausschüssen

im Zentralverband des Deutschen Dachdeckerhandwerks
– Fachverband Dach-, Wand- und Abdichtungstechnik – e.V.

Bibliografische Information der Deutschen Nationalbibliothek

Die Deutsche Nationalbibliothek verzeichnet diese Publikation in der Deutschen Nationalbibliografie; detaillierte bibliografische Daten sind im Internet über https://dnb.de abrufbar.

5. Auflage 2022



Wir freuen uns Ihre Meinung über dieses Werk zu erfahren. Bitte teilen Sie uns Ihre Anregungen, Hinweise oder Fragen per E-Mail: vuservice@rudolf-mueller.de oder telefonisch: 06123 9238-258 mit.

Satz- und Umschlaggestaltung: Satz+Layout Werkstatt Kluth GmbH, Erftstadt
Druck und Bindearbeiten: SDK Systemdruck Köln GmbH & Co. KG, Köln
Printed in Germany

ISBN: 978-3-481-04367-4

# Inhalt

# Vorwort

Der ZENTRALVERBAND DES DEUTSCHEN DACHDECKERHANDWERKS – Fachverband Dach-, Wand- und Abdichtungstechnik – e.V. (ZVDH) legt mit diesem Ordner eine **5. Auflage** der *Zeitwerte für Dach-, Wand- und Abdichtungstechnik* vor.

Der Fachausschuss Betriebswirtschaft und Unternehmensführung im ZVDH hat sich, wie bereits in der Vergangenheit, mit der Erstellung, Prüfung und Überarbeitung der Zeitwerte befasst.

Neu aufgenommen wurden mit der 5. Auflage Erfahrungswerte zur Energetischen Steildachsanierung, hier zu Planungsleistungen, zu den Sanierungsmaßnahmen selbst sowie zu Dachflächenfenstern. Im Kapitel Solartechnik sind darüber hinaus einige Positionen aktualisiert und ergänzt worden. Der im Lieferumfang enthaltene Download beinhaltet eine PDF-Datei des gesamten Inhalts des Werkes, mit der Sie die Zeitwerte im Excelformat exportieren können.

Basis für die Erarbeitung und Prüfung bilden bundesweit gemittelte praktische Erfahrungswerte von ehrenamtlich in den technischen Fachausschüssen des ZVDH tätigen Dachdeckermeistern, von Fachlehrern in den Fachschulen des Dachdeckerhandwerks, hauptamtlich tätigen Mitarbeitern der Berufsorganisation, Informationen der Industrie und Erfahrungswerte des Deutschen Dachgärtnerverbandes.

Eine wesentliche Grundlage ist die Gliederung der Zeitwerte nach Gebäudetypen, um die unterschiedlichen Anforderungen zu berücksichtigen. Damit kann ein Großteil der Kalkulation zeitsparend mit einer Musterkalkulation abgedeckt werden.

Eigene betriebliche Erfahrungswerte sollten in den frei gehaltenen Zeilen entsprechend eingetragen werden, um zu einer aktuellen Grundlage des Kalkulationsfaktors Lohn zu gelangen.

Es wird ein normaler Schwierigkeitsgrad der Dacharbeiten zugrunde gelegt, wobei eine Anpassung an betriebliche und baustellenbezogene Faktoren durchzuführen ist.

Die *Zeitwerte für Dach-, Wand- und Abdichtungstechnik* sind ein tägliches Werkzeug für den Dachdeckermeister und Unternehmer im Dachdeckerhandwerk.

Allen, die zum Entstehen dieses Werkes beigetragen haben, sei herzlich gedankt.

Köln, im April 2022

ZENTRALVERBAND DES DEUTSCHEN DACHDECKERHANDWERKS
– Fachverband Dach-, Wand- und Abdichtungstechnik – e.V.

*Dirk Bollwerk*
Präsident

*Ulrich Marx*
Hauptgeschäftsführer

# 1 Allgemeine Grundlagen und Erläuterungen

## Zeitwertermittlungen

1. Die als Empfehlung angesetzten **Zeitwerte in Minuten** ergeben sich aus bundesweiten, gemittelten Erfahrungswerten des Dachdeckerhandwerks und seiner technischen Weiterentwicklung.

   Es wird empfohlen, die betriebseigenen Werte möglichst schnell zu ermitteln und mit Bleistift in die dafür vorgesehenen Zeilen einzutragen (ZWB = Zeitwert Betrieb).
   Erst damit hat man die Grundlage für eine leichte und schnelle Ermittlung des Kalkulationsfaktors **Lohn** jederzeit auf dem aktuellsten Stand.

2. Grundlage sind ein **normaler Schwierigkeitsgrad** und normale bauliche Gegebenheiten. Eine Anpassung an außergewöhnliche Umstände ist von Fall zu Fall gesondert zu berücksichtigen.

| Faktoren | Normalsituation |
|---|---|
| **1 Baustellenlage** | |
| 1.1 Anfahrtszeiten | tarifvertragliche und/oder individuelle Regelung |
| 1.2 Zufahrtswege | befestigt, bis zur Baustelle befahrbar, auch für Lkw |
| 1.3 Lagerplatz | nahe dem Gebäude vorhanden |
| **2 Gebäudebezogene Faktoren** | |
| 2.1 Anzahl der Dachdurchdringungen | eine pro 50 m² |
| 2.2 Dachform | rechtwinklig und eben |
| 2.3 Abhängigkeit von anderen Gewerken | keine Behinderung |
| **3 Jahreszeitbezogene Faktoren** | |
| 3.1 Jahreszeit | trockene Witterung, 5 bis 25 Grad |
| 3.2 Witterungsabhängigkeit | regional übliche Zustände und Unterbrechungen sind berücksichtigt |

| **Faktoren** | **Normalsituation** |
|---|---|
| **4 Maschinelle Ausstattung** | |
| 4.1 Baustellenausrüstung allgemein | Kleingeräte vorhanden (z.B. Trockner, Brenner) |
| 4.2 Transportmöglichkeiten | Schrägaufzug |
| **5 Personelle Ausstattung** | |
| 5.1 Mitarbeiterqualifikation | Facharbeiter, Helfer |
| 5.2 Art der Entlohnung | Entlohnung nach Zeitlohn |

**6 Sicherheitsmaßnahmen**

6.1 **Enthalten sind** persönliche Schutz- und Sicherheitsmaßnahmen nach den Unfallverhütungsvorschriften.

6.2 **Objektbezogene Erschwernisse** müssen getrennt erfasst und berechnet werden, z.B. witterungsbedingte Einwirkungen wie Wasser, Schnee u.a. und deren Beseitigung.

**7 Gerüstarbeiten**

**Nicht enthalten,** und daher gesondert in Anlehnung an DIN 18338 „Dachdeckungs- und Dachabdichtungsarbeiten" 4.2.3 zu erfassen, sind besondere Leistungen:

> „Auf- und Abbauen sowie Vorhalten der Gerüste, deren Arbeitsbühnen mehr als 2 m über Gelände oder Fußboden liegen"

**Hinweis: Diese Unterlagen sind eine unverbindliche Empfehlung. Jeder einzelne Betrieb muss seine spezifischen Gegebenheiten kalkulieren.**

## Welche Vorteile hat die Gebäudetypen-Kalkulation?

1. *Ca. 80% der Kalkulationen* können mit einer *Musterkalkulation* abgedeckt werden.

2. Die *Leistungspositionen* müssen nicht erst aus dem gesamten Leistungspositionsstamm einzeln herausgesucht werden, sondern sind schon *vorstrukturiert.*

3. Die *Zeitwerte* hängen nicht nur vom *Bedachungsmaterial* ab.

   Die zu *kalkulierenden Zeiten* sind auch vom *Schwierigkeitsgrad* des Gebäudetyps abhängig.

4. Die *Kalkulation ist genauer,* weil sie nicht mit sogenannten Zu- und Abschlagsfaktoren rechnet.

5. *Ähnlichkeiten in den Gebäudetypen* werden ersichtlich und können zeitsparend genutzt werden.

6. Die Standardisierung schafft eine enorme Arbeitserleichterung.

7. Die *Musterkalkulation* steht als ständige Nachkalkulation auf dem *„Prüfstand".*

8. Die *Musterkalkulation für den bestimmten Gebäudetyp* ist nun eine *„Institution"* geworden und wird mit jeder Nachkalkulation qualifizierter.

9. Die *Texte* können immer mehr *vervollständigt* und *verbessert* werden.

10. Die *Gebäudetypen-Kalkulation* ist ein wichtiger Schritt in der *Entwicklung der Kalkulation für das Dachdeckerhandwerk.*

## Gebäudetypen

Es wurde nach folgenden Gebäudetypen gegliedert:

**Flachdach und Abdichtungen**

| | |
|---|---|
| 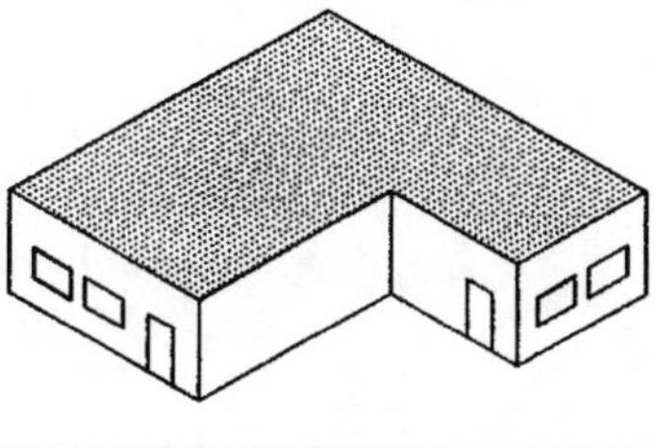 | **Bungalow**<br>ca. 200 $m^2$ |
| 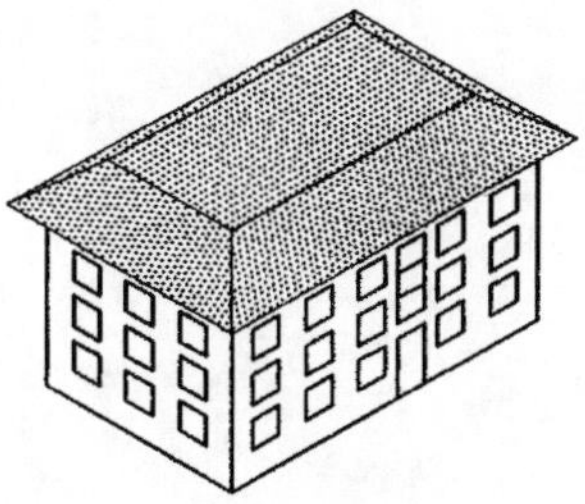 | **Wohnblock/Verwaltungsgebäude**<br>(bis 6 Geschosse / über 6 Geschosse)<br>ca. 400–1000 $m^2$, muss regionalspezifisch festgelegt werden |
| 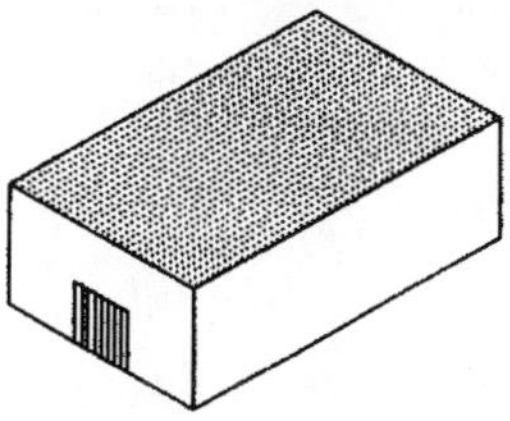 | **Halle**<br>bis 500 $m^2$ |
| 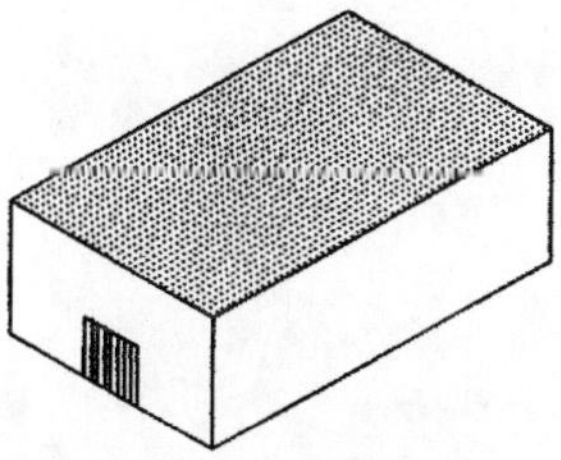 | **Halle**<br>500–1000 $m^2$ |
| 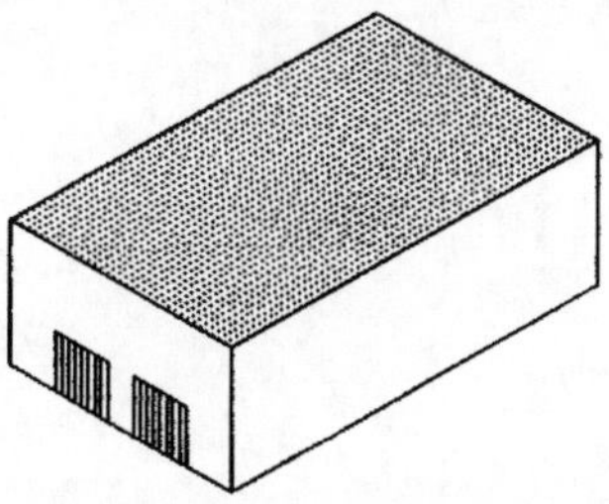 | **Halle**<br>über 1000 $m^2$ |
| 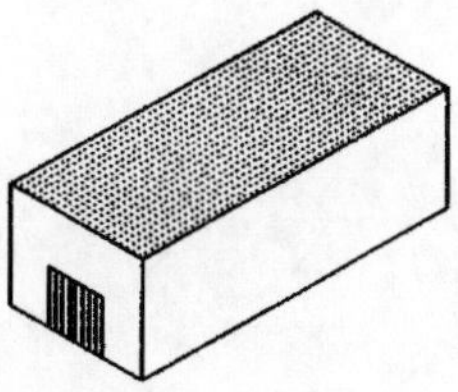 | **Kleinfläche**<br>Garage: ca. 20–40 $m^2$<br>Terrasse: ca. 30–40 $m^2$ |

| | |
|---|---|
| 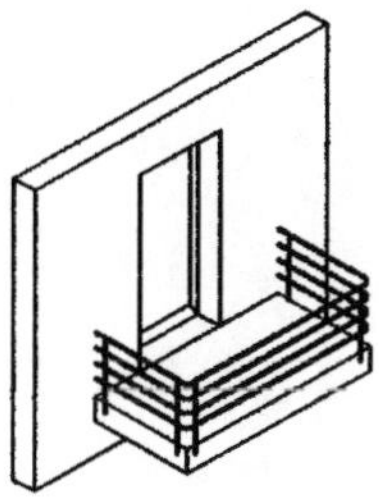 | Balkon: ca. 5–10 $m^2$ |

**Steildach und Eindeckungen**

| | |
|---|---|
| 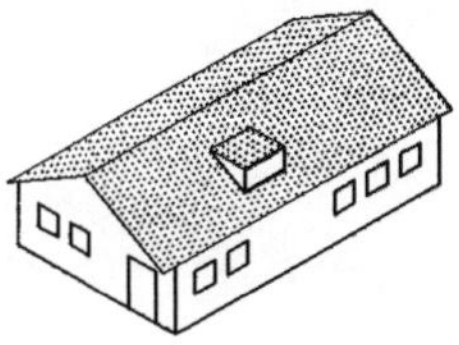 | **Einfamilien- bis Mehrfamilienhaus**<br>ca. 140–180 $m^2$, einfache Dachflächen |
| 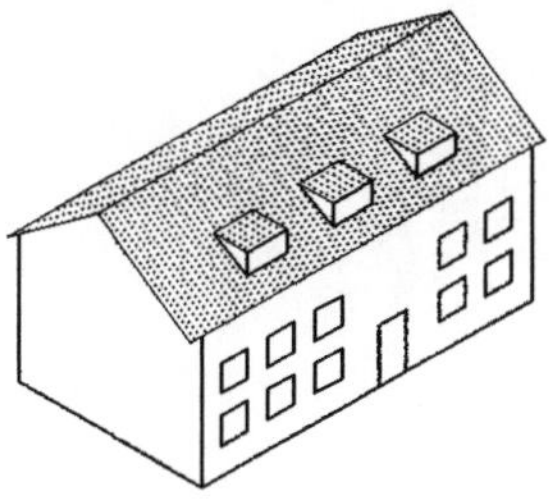 | **Wohnblock/Verwaltungsgebäude**<br>ca. 400–1000 $m^2$, gegliederte Dachflächen,<br>muss regionalspezifisch festgelegt werden |
| 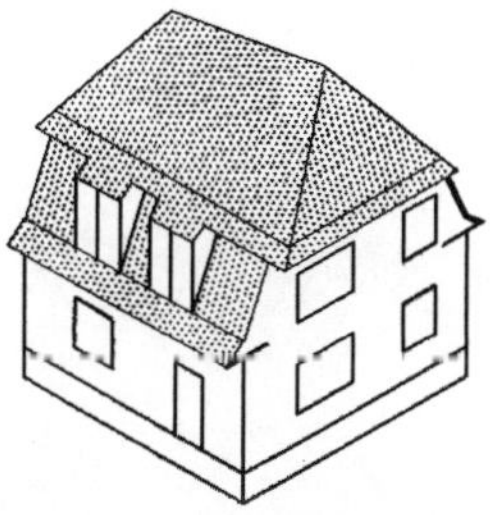 | **Villa**<br>Größe der Fläche ist kleinteilig und kompliziert.<br>Abhängig von Grat, Kehlen, Mansarden oder Rundgauben |
|  | **Kleinfläche**<br>ca. 5–40 $m^2$<br>Garage, Schuppen |
| 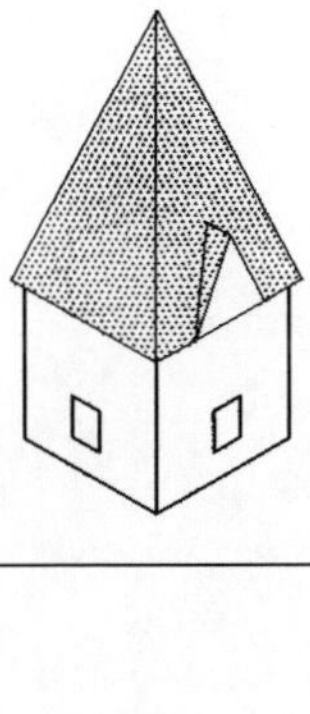 | **Turm**<br>(Turm mit kreisrundem Grundriss – Rundturm – ist<br>gesondert zu berechnen.) |

# 2 Flachdach und Abdichtungen

| 2 | Flachdach und Abdichtungen | | Zeitwerte in Minuten | | | | | | | | |
|---|---|---|---|---|---|---|---|---|---|---|---|
| Nr. | Kurztext-Ausführung | Einheit | Bungalow | Wohnblöcke, Verwaltungsgebäude | | Hallen | | | Kleinflächen | | |
| | | | | bis 6 Geschosse | 6–12 Geschosse | bis 500 m² | 500–1000 m² | über 1000 m² | Garagen | Terrassen | Balkone |
| **2.1** | **Vorbereitungs- und Abbrucharbeiten** | | | | | | | | | | |
| 2.1.1 | Abfegen | m² | 1,25 | 1,25 | 1,25 | 1,25 | 1,25 | 1,25 | 2,0 | 2,0 | 3,0 |
| | ZWB | | | | | | | | | | |
| 2.1.2 | Abstoßen von Wellen und Blasen, einschl. Sammeln des Abbruchmaterials im Container (Schadensbild 30 bis 50 %) | m² | 5,0 | 5,5 | 6,0 | 5,0 | 5,0 | 5,0 | 7,0 | 7,0 | 9,0 |
| | ZWB | | | | | | | | | | |
| 2.1.3 | Perforieren einer alten Dachhaut | m² | 6,0 | 6,0 | 6,0 | 6,0 | 6,0 | 6,0 | 8,0 | 8,0 | 8,0 |
| | ZWB | | | | | | | | | | |
| 2.1.4 | Abräumen einer Kiesschüttung, bis in den Container transportieren, Schüttdicke ca. 50 mm | m² | 8,0 | 9,0 | 11,0 | 9,0 | 10,0 | 12,0 | 12,0 | 12,0 | 12,0 |
| | ZWB | | | | | | | | | | |
| 2.1.5 | Umsetzen einer Kiesschüttung, auf Dachfläche zwischenlagern und wieder aufbringen (2 Arbeitsgänge) | m² | 16,0 | 18,0 | 18,0 | 18,0 | 18,0 | 18,0 | 24,0 | 24,0 | 24,0 |
| | ZWB | | | | | | | | | | |
| 2.1.6 | Schadhafte Dachhaut aus 3 Lagen Bitumenbahnen, auf Holzschalung genagelt verlegt, abreißen, in den Container transportieren | m² | 15,0 | 17,0 | 18,0 | 14,0 | 16,0 | 18,0 | 20,0 | 22,0 | 25,0 |
| | ZWB | | | | | | | | | | |
| 2.1.7 | Schadhafte Dachhaut aus 3 Lagen Bitumenbahnen, auf Beton punktweise verklebt, abreißen, in den Container transportieren | m² | 16,0 | 18,0 | 19,0 | 15,0 | 17,0 | 19,0 | 21,0 | 23,0 | 26,0 |
| | ZWB | | | | | | | | | | |

| 2 | Flachdach und Abdichtungen | | Zeitwerte in Minuten | | | | | | | | |
|---|---|---|---|---|---|---|---|---|---|---|---|
| **Nr.** | **Kurztext-Ausführung** | **Einheit** | **Bungalow** | **Wohnblöcke, Verwaltungsgebäude** | | **Hallen** | | | **Kleinflächen** | | |
| | | | | bis 6 Geschosse | 6–12 Geschosse | bis 500 m² | 500–1000 m² | über 1000 m² | Garagen | Terrassen | Balkone |
| 2.1.8 | Schadhafte Dachhaut aus 3 Lagen Bitumenbahnen, auf Beton vollflächig verklebt, abreißen, in den Container transportieren | m² | 18,0 | 20,0 | 21,0 | 17,0 | 19,0 | 21,0 | 23,0 | 25,0 | 28,0 |
| | ZWB | | | | | | | | | | |
| 2.1.9 | Schadhafter kompletter Dachaufbau mit 3 Lagen Bitumenbahnen, Dämmschicht 5 cm stark, Dampfsperre und Trennlage, abreißen, in den Container transportieren | m² | 24,0 | 27,0 | 28,0 | 23,0 | 24,0 | 25,0 | 32,0 | 34,0 | 39,0 |
| | ZWB | | | | | | | | | | |
| 2.1.10 | Dachhaut aus Kunststoffbahnen, lose verlegt, entfernen, in den Container transportieren | m² | 4,0 | 4,5 | 5,0 | 4,0 | 4,5 | 5,0 | 6,0 | 6,0 | 7,0 |
| | ZWB | | | | | | | | | | |
| 2.1.11 | Plattenbeläge abnehmen, lose verlegt, z.B. in Kies und auf der Dachfläche lagern bis 10 m Entfernung | m² | 10,0 | 10,0 | 10,0 | 10,0 | 10,0 | 10,0 | 15,0 | 15,0 | 18,0 |
| | ZWB | | | | | | | | | | |
| 2.1.12 | Estrich, 5 cm stark, armiert mit Maschendraht, verlegt ohne Trennlage auf Abdichtung, abbrechen, in den Container transportieren | m² | 60,0 | 65,0 | 70,0 | 60,0 | 70,0 | 80,0 | 60,0 | 60,0 | 70,0 |
| | ZWB | | | | | | | | | | |
| 2.1.13 | Estrich, 5 cm stark, armiert mit Maschendraht, verlegt mit Trennlage auf Abdichtung, abbrechen, in den Container transportieren | m² | 45,0 | 50,0 | 55,0 | 45,0 | 55,0 | 65,0 | 45,0 | 45,0 | 55,0 |
| | ZWB | | | | | | | | | | |
| 2.1.14 | Blechabdeckungen ausbauen | m | 10,0 | 11,0 | 12,0 | 8,0 | 8,0 | 9,0 | 12,0 | 12,0 | 15,0 |
| | ZWB | | | | | | | | | | |

| 2 | Flachdach und Abdichtungen | | Zeitwerte in Minuten | | | | | | | | |
|---|---|---|---|---|---|---|---|---|---|---|---|
| Nr. | Kurztext-Ausführung | Einheit | Bungalow | Wohnblöcke, Verwaltungsgebäude | | Hallen | | | Kleinflächen | | |
| | | | | bis 6 Geschosse | 6–12 Geschosse | bis 500 m² | 500–1000 m² | über 1000 m² | Garagen | Terrassen | Balkone |
| 2.1.15 | Anschlüsse aus Bitumenbahnen ausbauen | m² | 15,0 | 16,0 | 17,0 | 15,0 | 16,0 | 17,0 | 20,0 | 20,0 | 21,0 |
| | ZWB | | | | | | | | | | |
| 2.1.16 | Dachabläufe, Flansch freilegen und säubern für Wiedereinkleben | Stück | 25,0 | 25,0 | 25,0 | 25,0 | 25,0 | 25,0 | 25,0 | 30,0 | 30,0 |
| | ZWB | | | | | | | | | | |
| 2.1.17 | Lichtkuppeln ausbauen, Größe 1,20/1,20, in den Container transportieren, einschl. Aufsetzkranz, im Rahmen der Gesamtmaßnahme | Stück | 30,0 | 33,0 | 36,0 | 30,0 | 33,0 | 36,0 | 30,0 | 33,0 | 33,0 |
| **2.2** | **Deckunterlage** | | | | | | | | | | |
| **2.2.1** | **Schalung** | | | | | | | | | | |
| 2.2.1.1 | 24 mm Rauhspundschalung auf Holzunterkonstruktion (Nut und Feder) verlegen | m² | 28,0 | 28,0 | 30,0 | 24,0 | 24,0 | 24,0 | 30,0 | 30,0 | 30,0 |
| | ZWB | | | | | | | | | | |
| **2.2.2** | **Stahltrapezprofile als tragende Unterkonstruktion verlegen** | | | | | | | | | | |
| 2.2.2.1 | auf Stahlprofilen, Befestigung mit Setzbolzen | m² | – | 10,0 | 12,0 | 10,0 | 8,0 | 8,0 | 18,0 | – | – |
| | ZWB | | | | | | | | | | |
| 2.2.2.2 | Befestigung mit selbstbohrenden Schrauben | m² | – | 12,0 | 14,0 | 12,0 | 10,0 | 10,0 | 20,0 | – | – |
| | ZWB | | | | | | | | | | |
| 2.2.2.3 | Randwinkel, 1 × gekantet, anbringen | m | – | 20,0 | 20,0 | 20,0 | 20,0 | 20,0 | 20,0 | – | – |
| | ZWB | | | | | | | | | | |
| 2.2.2.4 | Ausschnitte für Dachabläufe mit Verstärkungsplatte, 60/60 cm, herstellen | Stück | – | 30,0 | 30,0 | 30,0 | 30,0 | 30,0 | 30,0 | – | – |
| | ZWB | | | | | | | | | | |

➡ *Vorbereitungs- und Abbrucharbeiten (2.1)*
➡ *Deckunterlage (2.2)*

| 2 | Flachdach und Abdichtungen | | Zeitwerte in Minuten | | | | | | | | |
|---|---|---|---|---|---|---|---|---|---|---|---|
| Nr. | Kurztext-Ausführung | Einheit | Bungalow | Wohnblöcke, Verwaltungsgebäude | | Hallen | | | Kleinflächen | | |
| | | | | bis 6 Geschosse | 6–12 Geschosse | bis 500 m² | 500–1000 m² | über 1000 m² | Garagen | Terrassen | Balkone |
| 2.2.2.5 | Ausschnitt, Größe ca. 1,20/1,20, ohne Wechsel herstellen | Stück | – | 45,0 | 45,0 | 45,0 | 45,0 | 45,0 | 45,0 | – | – |
| | ZWB | | | | | | | | | | |
| 2.2.2.6 | Ausschnitt mit Wechsel aus gekanteten Profilen herstellen | Stück | – | 420,0 | 420,0 | 420,0 | 420,0 | 420,0 | 420,0 | – | – |
| | ZWB | | | | | | | | | | |
| 2.2.2.7 | An einem Ausschnitt, Größe 1,20/1,20, Randhölzer und Blechverkleidung anbringen | Stück | – | 240,0 | 240,0 | 240,0 | 240,0 | 240,0 | 240,0 | – | – |
| | ZWB | | | | | | | | | | |
| 2.2.2.8 | Blech-Schrägschnitte herstellen | m | – | 18,0 | 18,0 | 18,0 | 18,0 | 18,0 | 18,0 | – | – |
| | ZWB | | | | | | | | | | |
| **2.2.3** | **Sonstiges** | | | | | | | | | | |
| 2.2.3.1 | Schleppstreifen lose verlegen und einseitig fixieren | m | 3,0 | 3,0 | 3,0 | 3,0 | 3,0 | 3,0 | 3,5 | 3,5 | 3,5 |
| | ZWB | | | | | | | | | | |
| **2.3** | **Neueindeckung** | | | | | | | | | | |
| 2.3.1 | Anstriche | | | | | | | | | | |
| 2.3.1.1 | Voranstrich vollflächig aufbringen | m² | 2,0 | 2,25 | 2,5 | 1,9 | 1,8 | 1,6 | 3,2 | 3,2 | 4,8 |
| | ZWB | | | | | | | | | | |
| 2.3.1.2 | Voranstrich streifenweise aufbringen (ca. 50 % der Fläche) | m² | 1,5 | 1,6 | 1,8 | 1,5 | 1,4 | 1,3 | 2,0 | 2,0 | 2,3 |
| | ZWB | | | | | | | | | | |
| 2.3.2 | Druckausgleich | | | | | | | | | | |

➡ *Deckunterlage (2.2)*
➡ *Neueindeckung (2.3)*

| 2 | Flachdach und Abdichtungen | | Zeitwerte in Minuten | | | | | | | | |
|---|---|---|---|---|---|---|---|---|---|---|---|
| Nr. | Kurztext-Ausführung | Einheit | Bungalow | Wohnblöcke, Verwaltungsgebäude | | Hallen | | | Kleinflächen | | |
| | | | | bis 6 Geschosse | 6–12 Geschosse | bis 500 m² | 500–1000 m² | über 1000 m² | Garagen | Terrassen | Balkone |
| 2.3.2.1 | z.B. Lochbahnen lose verlegen, stumpf stoßen | m² | 3,0 | 3,2 | 4,0 | 3,0 | 2,6 | 2,6 | 4,2 | 4,2 | 4,5 |
| | ZWB | | | | | | | | | | |
| 2.3.3 | Dampfsperre | | | | | | | | | | |
| 2.3.3.1 | vollflächig aufkleben mit Heißbitumen | m² | 6,7 | 7,0 | 7,5 | 6,7 | 6,0 | 5,8 | 8,5 | 8,5 | 12,0 |
| | ZWB | | | | | | | | | | |
| 2.3.3.2 | Schweißbahnen lose verlegen, Nähte verschweißen | m² | 5,5 | 5,8 | 6,3 | 5,5 | 5,3 | 5,0 | 7,5 | 7,5 | 9,2 |
| | ZWB | | | | | | | | | | |
| 2.3.3.3 | Schweißbahnen punktweise aufkleben, Nähte verschweißen | m² | 6,4 | 6,5 | 7,0 | 6,4 | 6,0 | 5,8 | 8,5 | 8,5 | 12,0 |
| | ZWB | | | | | | | | | | |
| 2.3.3.4 | PE–Folie lose verlegen, mit Nahtbändern | m² | 4,0 | 4,3 | 5,0 | 4,0 | 4,0 | 3,8 | 6,0 | 6,0 | 6,3 |
| | ZWB | | | | | | | | | | |
| 2.3.4 | Wärmedämmung, Dämmstoffdicke 10 cm | | | | | | | | | | |
| 2.3.4.1 | Platten lose verlegen, (Plattengröße 0,5 m²) | m² | 3,8 | 4,0 | 4,8 | 3,8 | 4,0 | 3,6 | 7,6 | 7,6 | 8,2 |
| | ZWB | | | | | | | | | | |
| 2.3.4.2 | Dämmplatten lose verlegen und mechanisch befestigen mit drei Befestigungen pro m² | m² | 7,2 | 7,6 | 8,2 | 7,2 | 7,0 | 6,0 | 9,6 | 9,6 | 14,5 |
| | ZWB | | | | | | | | | | |
| 2.3.4.3 | Platten streifenweise verkleben | m² | 6,0 | 6,5 | 7,5 | 6,0 | 5,8 | 5,2 | 8,2 | 8,2 | 9,6 |
| | ZWB | | | | | | | | | | |
| 2.3.4.4 | Platten vollflächig verkleben mit Heißbitumen | m² | 7,8 | 8,0 | 9,3 | 7,6 | 7,2 | 6,9 | 10,3 | 10,3 | 12,2 |
| | ZWB | | | | | | | | | | |

| 2 | Flachdach und Abdichtungen | | Zeitwerte in Minuten | | | | | | | | |
|---|---|---|---|---|---|---|---|---|---|---|---|
| Nr. | Kurztext-Ausführung | Einheit | Bungalow | Wohnblöcke, Verwaltungsgebäude | | Hallen | | | Kleinflächen | | |
| | | | | bis 6 Geschosse | 6–12 Geschosse | bis 500 $m^2$ | 500–1000 $m^2$ | über 1000 $m^2$ | Garagen | Terrassen | Balkone |
| 2.3.4.5 | Gefälledämmplatten verkleben (im Mittel 15 cm) | $m^2$ | 12,0 | 13,0 | 14,4 | 12,0 | 11,5 | 11,0 | 16,5 | 16,5 | 19,2 |
| | ZWB | | | | | | | | | | |
| 2.3.4.5.1 | Gefälledämmplatten verkleben (im Mittel 14 cm) | $m^3$ | 84,0 | 91,0 | 101,0 | 84,0 | 80,0 | 77,0 | 115,0 | 115,0 | 135,0 |
| | ZWB | | | | | | | | | | |
| 2.3.4.5.2 | Zulage für Kehl– und Gratplatten | m | 15,0 | 15,0 | 15,0 | 15,0 | 15,0 | 15,0 | 15,0 | 15,0 | 15,0 |
| | ZWB | | | | | | | | | | |
| 2.3.4.6 | Roll–Klappdämmbahnen streifenweise verkleben, Nähte verkleben (z.B. 14 cm) | $m^2$ | 7,8 | 8,3 | 9,3 | 7,8 | 7,6 | 7,2 | 10,5 | 10,5 | 12,5 |
| | ZWB | | | | | | | | | | |
| 2.3.4.7 | Schaumglasplatten auf Massivbeton in 3 kg Bitumen verkleben mit Quetschfugen (z.B. 18 bis 20 cm) | $m^2$ | 11,5 | 12,0 | 13,5 | 11,3 | 11,0 | 10,5 | 13,8 | 13,8 | 17,0 |
| | ZWB | | | | | | | | | | |
| 2.3.5 | Trennlage | | | | | | | | | | |
| 2.3.5.1 | lose verlegen, Kunststoff– oder Glasvlies | $m^2$ | 2,0 | 2,2 | 2,6 | 2,0 | 2,0 | 2,0 | 3,0 | 3,0 | 3,5 |
| | ZWB | | | | | | | | | | |
| 2.3.6 | Schweißbahnen | | | | | | | | | | |
| 2.3.6.1 | 1 Lage lose verlegen, Nähte verschweißen | $m^2$ | 5,5 | 5,8 | 6,3 | 5,5 | 5,3 | 5,0 | 7,5 | 7,5 | 9,2 |
| | ZWB | | | | | | | | | | |
| 2.3.6.2 | 1 Lage punkt - oder streifenweise verkleben, Nähte verschweißen | $m^2$ | 6,4 | 6,5 | 7,0 | 6,4 | 6,0 | 5,8 | 8,5 | 8,5 | 12,0 |
| | ZWB | | | | | | | | | | |
| 2.3.6.3 | 1 Lage vollflächig aufschweißen | $m^2$ | 7,5 | 8,0 | 8,75 | 7,5 | 7,2 | 6,75 | 10,0 | 10,0 | 12,5 |
| | ZWB | | | | | | | | | | |

| 2 | Flachdach und Abdichtungen | | Zeitwerte in Minuten | | | | | | | | |
|---|---|---|---|---|---|---|---|---|---|---|---|
| Nr. | Kurztext-Ausführung | Einheit | Bungalow | Wohnblöcke, Verwaltungsgebäude | | Hallen | | | Kleinflächen | | |
| | | | | bis 6 Geschosse | 6–12 Geschosse | bis 500 m² | 500–1000 m² | über 1000 m² | Garagen | Terrassen | Balkone |
| 2.3.6.4 | Polymerbitumen–Schweißbahn aufschweißen | m² | 9,0 | 9,2 | 10,0 | 8,5 | 8,0 | 7,5 | 11,5 | 12,0 | 18,0 |
| | ZWB | | | | | | | | | | |
| 2.3.6.5 | Polymerbitumen–Schweißbahn, beschiefert, aufschweißen | m² | 9,5 | 9,75 | 10,5 | 9,5 | 9,0 | 8,5 | 12,0 | 12,5 | 18,5 |
| | ZWB | | | | | | | | | | |
| **2.3.7** | **Dachdichtungsbahnen (DD)** | | | | | | | | | | |
| 2.3.7.1 | 1 Lage (besandet oder talkumiert) vollflächig aufkleben | m² | 7,2 | 7,5 | 8,5 | 7,2 | 7,0 | 6,6 | 9,8 | 12,0 | 17,0 |
| | ZWB | | | | | | | | | | |
| 2.3.7.2 | 1 Lage Oberlagsbahn, grün beschiefert, vollflächig aufkleben | m² | 7,8 | 8,0 | 9,5 | 7,8 | 7,5 | 7,3 | 10,5 | 14,0 | 17,5 |
| | ZWB | | | | | | | | | | |
| 2.3.8 | Kunststoff–Dachbahnen | | | | | | | | | | |
| 2.3.8.1 | Bahnen lose verlegen, Nähte verschweißen | m² | 8,0 | 8,5 | 9,5 | 8,5 | 8,0 | 7,5 | 10,8 | 15,0 | 20,0 |
| | ZWB | | | | | | | | | | |
| 2.3.8.2 | Planen lose verlegen | m² | 7,0 | 6,0 | 8,0 | 6,0 | 6,0 | 6,0 | 10,0 | 12,0 | 18,0 |
| | ZWB | | | | | | | | | | |
| 2.3.8.3 | Bahnen lose verlegen, Nahtausbildung mit Dichtungsband | m² | 9,0 | 9,5 | 10,5 | 9,5 | 9,0 | 8,5 | 11,8 | 16,0 | 22,0 |
| | ZWB | | | | | | | | | | |
| 2.3.8.4 | Bahnen vollflächig mit Kaltkleber aufkleben, Mehrpreis zu 2.3.8.1. bis 2.3.8.3 | m² | 3,5 | 3,5 | 3,5 | 3,5 | 3,0 | 3,0 | 4,0 | 4,0 | 5,0 |
| | ZWB | | | | | | | | | | |

| 2 | Flachdach und Abdichtungen | | Zeitwerte in Minuten | | | | | | | | |
|---|---|---|---|---|---|---|---|---|---|---|---|
| Nr. | Kurztext-Ausführung | Einheit | Bungalow | Wohnblöcke, Verwaltungsgebäude | | Hallen | | | Kleinflächen | | |
| | | | | bis 6 Geschosse | 6–12 Geschosse | bis 500 m² | 500–1000 m² | über 1000 m² | Garagen | Terrassen | Balkone |
| 2.3.8.5 | Bahnen punktweise mit Bitumen aufkleben, Mehrpreis zu 2.3.8.1. bis 2.3.8.3 | m² | 3,0 | 3,0 | 3,0 | 3,0 | 2,75 | 2,5 | 3,5 | 3,5 | 4,5 |
| | ZWB | | | | | | | | | | |
| 2.3.8.6 | Mechanische Befestigung auf Stahltrapezprofil mit Telleranker (pro Stück) durchführen | Stück | 0,8 | 0,8 | 0,8 | 0,8 | 0,8 | 0,8 | 1,0 | – | – |
| | ZWB | | | | | | | | | | |
| 2.3.8.7 | Mechanische Befestigung auf Beton mit Telleranker (pro Stück) durchführen | Stück | 1,8 | 1,8 | 1,8 | 1,8 | 1,8 | 1,8 | 2,0 | – | – |
| | ZWB | | | | | | | | | | |
| 2.3.8.8 | Linienbefestigung aufbringen und aufschweißen eines Abdeckstreifens (= 2 m Naht) | m | 13,0 | 14,0 | 15,0 | 13,0 | 13,0 | 13,0 | 14,0 | – | – |
| | ZWB | | | | | | | | | | |
| 2.3.9 | Oberflächenschutz | | | | | | | | | | |
| 2.3.9.1 | Deckanstrich mit Heißbitumen aufbringen | m² | 3,0 | 3,0 | 4,5 | 3,0 | 3,0 | 3,0 | 4,5 | 4,5 | 5,0 |
| | ZWB | | | | | | | | | | |
| 2.3.9.2 | Dachanstrich kaltflüssig aufbringen | m² | 2,5 | 2,8 | 3,0 | 2,5 | 2,3 | 2,0 | 3,5 | 3,5 | 4,0 |
| | ZWB | | | | | | | | | | |
| 2.3.9.3 | Kiesschüttung 5 cm aufbringen | | | | | | | | | | |
| 2.3.9.3.1 | Dachhöhe bis 8 m | m² | 8,5 | 9,5 | 11,0 | 8,5 | 8,25 | 8,0 | 10,5 | 14,0 | 18,0 |
| | ZWB | | | | | | | | | | |
| 2.3.9.3.2 | Dachhöhe 8 bis 14 m | m² | 9,75 | 10,75 | 12,0 | 9,75 | 9,25 | 9,0 | – | – | – |
| | ZWB | | | | | | | | | | |

| 2 | Flachdach und Abdichtungen | | Zeitwerte in Minuten | | | | | | | | |
|---|---|---|---|---|---|---|---|---|---|---|---|
| Nr. | Kurztext-Ausführung | Einheit | Bungalow | Wohnblöcke, Verwaltungsgebäude | | Hallen | | | Kleinflächen | | |
| | | | | bis 6 Geschosse | 6–12 Geschosse | bis 500 m² | 500–1000 m² | über 1000 m² | Garagen | Terrassen | Balkone |
| 2.3.9.3.3 | Dachhöhe 14 bis 22 m | m² | 10,5 | 12,0 | 13,5 | 12,0 | 12,0 | 11,0 | – | – | – |
| | ZWB | | | | | | | | | | |
| 2.3.9.4 | Terrassenbelag | | | | | | | | | | |
| 2.3.9.4.1 | Platten 50/50 auf vorhandener Kiesschüttung verlegen | m² | 38,0 | 43,0 | 50,0 | 38,0 | 38,0 | 38,0 | 52,0 | 52,0 | 60,0 |
| | ZWB | | | | | | | | | | |
| 2.3.9.4.2 | Terrassenbelag, Plattenbelag 50/50 einschl. ca. 3 cm Kiesschüttung, verlegen | m² | 46,5 | 52,5 | 61,0 | 46,5 | 46,5 | 46,5 | 62,5 | 64,0 | 78,0 |
| | ZWB | | | | | | | | | | |
| 2.3.9.4.3 | auf Stelzlager verlegen (bis 50 mm Höhe) | m² | 50,0 | 53,0 | 62,0 | 50,0 | 50,0 | 50,0 | 65,0 | 65,0 | 75,0 |
| | ZWB | | | | | | | | | | |
| 2.3.9.5 | Terrassenplatten schneiden | m | 20,0 | 20,0 | 20,0 | 20,0 | 20,0 | 20,0 | 20,0 | 20,0 | 20,0 |
| | ZWB | | | | | | | | | | |
| 2.3.9.6 | Schutzlage bis 8 mm verlegen | m² | 4,0 | 4,4 | 5,2 | 4,0 | 4,0 | 4,0 | 6,0 | 6,0 | 7,0 |
| | ZWB | | | | | | | | | | |
| 2.3.9.4.2 | Terrassenbelag, Plattenbelag 50/50 einschl. ca. 3 cm Kiesschüttung, verlegen | m² | 46,5 | 52,5 | 61,0 | 46,5 | 46,5 | 46,5 | 62,5 | 64,0 | 78,0 |
| | ZWB | | | | | | | | | | |
| 2.3.9.4.3 | auf Stelzlager verlegen (bis 50 mm Höhe) | m² | 50,0 | 53,0 | 62,0 | 50,0 | 50,0 | 50,0 | 65,0 | 65,0 | 75,0 |
| | ZWB | | | | | | | | | | |
| 2.3.9.5 | Terrassenplatten schneiden | m | 20,0 | 20,0 | 20,0 | 20,0 | 20,0 | 20,0 | 20,0 | 20,0 | 20,0 |
| | ZWB | | | | | | | | | | |

➡ *Neueindeckung (2.3)*

| 2 | Flachdach und Abdichtungen | | Zeitwerte in Minuten | | | | | | | | |
|---|---|---|---|---|---|---|---|---|---|---|---|
| Nr. | Kurztext-Ausführung | Einheit | Bungalow | Wohnblöcke, Verwaltungsgebäude | | Hallen | | | Kleinflächen | | |
| | | | | bis 6 Geschosse | 6–12 Geschosse | bis 500 m² | 500–1000 m² | über 1000 m² | Garagen | Terrassen | Balkone |
| 2.3.9.6 | Schutzlage bis 8 mm verlegen | m² | 4,0 | 4,4 | 5,2 | 4,0 | 4,0 | 4,0 | 6,0 | 6,0 | 7,0 |
| | ZWB | | | | | | | | | | |
| **2.4** | **Mehrzeiten für Details** | | | | | | | | | | |
| **2.4.1** | **Anschlüsse** | | | | | | | | | | |
| 2.4.1.1 | Voranstrich, Anstrich-Höhe bis 0,40 m aufbringen | m | 2,0 | 2,3 | 2,5 | 1,9 | 1,8 | 1,6 | 3,2 | 3,2 | 4,8 |
| | ZWB | | | | | | | | | | |
| 2.4.1.2 | Dampfsperre bis 0,30 m Höhe verlegen | m | 5,5 | 6,0 | 6,0 | 6,0 | 5,5 | 5,5 | 5,5 | 6,0 | 7,0 |
| | ZWB | | | | | | | | | | |
| 2.4.1.3 | Dämmstoffkeil anbringen | m | 2,0 | 2,0 | 2,0 | 2,0 | 2,0 | 2,0 | 2,5 | 2,5 | 3,0 |
| | ZWB | | | | | | | | | | |
| 2.4.1.4 | Wärmedämmung an senkrechter Fläche bis 0,20 m Höhe anbringen | m | 4,5 | 4,8 | 5,0 | 4,5 | 4,5 | 4,5 | 5,0 | 5,0 | 6,5 |
| | ZWB | | | | | | | | | | |
| 2.4.1.5 | Lage Bitumenschweißbahnen bis 0,30 m Höhe verschweißen | m | 5,5 | 6,0 | 6,0 | 6,0 | 5,5 | 5,5 | 6,0 | 6,0 | 7,0 |
| | ZWB | | | | | | | | | | |
| 2.4.1.6 | Oberlage aus Bitumenschweißbahnen bis 0,30 m Höhe herstellen | m | 8,0 | 8,5 | 8,5 | 8,0 | 8,0 | 8,0 | 8,5 | 8,5 | 10,0 |
| | ZWB | | | | | | | | | | |
| 2.4.1.7 | Verstärkungsbahn bis 0,50 m breit verlegen | m | 12,0 | 12,5 | 12,5 | 12,0 | 12,0 | 12,0 | 15,0 | 15,0 | 16,5 |
| | ZWB | | | | | | | | | | |


➡ *Neueindeckung (2.3)*
➡ *Mehrzeiten für Details (2.4)*

| 2 | Flachdach und Abdichtungen | | Zeitwerte in Minuten | | | | | | | | |
|---|---|---|---|---|---|---|---|---|---|---|---|
| Nr. | Kurztext-Ausführung | Einheit | Bungalow | Wohnblöcke, Verwaltungsgebäude | | Hallen | | | Kleinflächen | | |
| | | | | bis 6 Geschosse | 6–12 Geschosse | bis 500 m² | 500–1000 m² | über 1000 m² | Garagen | Terrassen | Balkone |
| 2.4.1.8 | Bituminöse Eckenausbildung bis max. 3 Lagen herstellen, Mehrpreis | Stück | 30,0 | 30,0 | 30,0 | 30,0 | 30,0 | 30,0 | 30,0 | 30,0 | 30,0 |
| | ZWB | | | | | | | | | | |
| 2.4.1.9 | Anschluss mit Kunststoffbahn, am Wandanschluss auf senkrechter Fläche bis 0,30 m Höhe verkleben | m | 13,0 | 13,0 | 13,0 | 13,0 | 13,0 | 12,5 | 15,0 | 15,0 | 16,0 |
| | ZWB | | | | | | | | | | |
| 2.4.1.10 | Verbundblech, gedübelt, bis 0,30 m Höhe anbringen | m | 16,0 | 17,0 | 17,0 | 16,0 | 16,0 | 16,0 | 17,0 | 17,0 | 20,0 |
| | ZWB | | | | | | | | | | |
| 2.4.1.11 | Eckenausbildung für Wandanschlüsse aus Kunststoffbahnen, Mehrpreis | Stück | 20,0 | 20,0 | 20,0 | 20,0 | 20,0 | 20,0 | 20,0 | 20,0 | 20,0 |
| | ZWB | | | | | | | | | | |
| 2.4.1.12 | Dehnfugenausbildung herstellen für bituminöse Schweißbahnen | m | 38,0 | 38,0 | 40,0 | 38,0 | 38,0 | 38,0 | 44,0 | 44,0 | 46,0 |
| | ZWB | | | | | | | | | | |
| 2.4.1.13 | Dehnfugenausbildung herstellen für Kunststoffdachbahnen | m | 26,0 | 26,0 | 26,0 | 26,0 | 26,0 | 26,0 | 30,0 | 30,0 | 32,0 |
| | ZWB | | | | | | | | | | |
| **2.4.2** | **Entlüfterformteile einfassen** | | | | | | | | | | |
| 2.4.2.1 | mit Polymerbitumen-Polyestervlies-Schweißbahn, zweiteilig, mit Anschluss der Dampfsperre einkleben | Stück | 20,0 | 20,0 | 20,0 | 20,0 | 20,0 | 20,0 | 20,0 | – | – |
| | ZWB | | | | | | | | | | |
| 2.4.2.2 | mit Kunststoffdachbahn, zweiteilig, mit Anschluss der Dampfsperre einkleben | Stück | 22,5 | 22,5 | 22,5 | 22,5 | 22,5 | 22,5 | 22,5 | – | – |
| | ZWB | | | | | | | | | | |

| 2 | Flachdach und Abdichtungen | | Zeitwerte in Minuten | | | | | | | | |
|---|---|---|---|---|---|---|---|---|---|---|---|
| Nr. | Kurztext-Ausführung | Einheit | Bungalow | Wohnblöcke, Verwaltungsgebäude | | Hallen | | | Kleinflächen | | |
| | | | | bis 6 Geschosse | 6–12 Geschosse | bis 500 m² | 500–1000 m² | über 1000 m² | Garagen | Terrassen | Balkone |
| **2.4.3** | **Dachabläufe** | | | | | | | | | | |
| 2.4.3.1 | einbauen | Stück | 20,0 | 20,0 | 20,0 | 20,0 | 20,0 | 20,0 | 20,0 | 20,0 | 20,0 |
| | ZWB | | | | | | | | | | |
| 2.4.3.2 | Dachabläufe **einteilig** eindichten | Stück | 14,0 | 14,0 | 14,0 | 14,0 | 14,0 | 14,0 | 16,0 | 16,0 | 16,0 |
| | ZWB | | | | | | | | | | |
| 2.4.3.3 | Dachabläufe **zweiteilig** eindichten | Stück | 25,0 | 25,0 | 25,0 | 25,0 | 25,0 | 25,0 | 28,0 | 28,0 | 30,0 |
| | ZWB | | | | | | | | | | |
| **2.4.4** | **Lichtkuppeln** | | | | | | | | | | |
| **2.4.4.1** | **Lichtkuppeln auf vorhandenem Bohlenkranz mit Aufsatzkranz einbauen, mit Absturzsicherung** | | | | | | | | | | |
| 2.4.4.1.1 | Größe 1,00/1,00 m | Stück | 100,0 | 100,0 | 100,0 | 100,0 | 100,0 | 100,0 | 100,0 | – | – |
| | ZWB | | | | | | | | | | |
| 2.4.4.1.2 | Größe 1,50/1,50 m | Stück | 120,0 | 120,0 | 120,0 | 120,0 | 120,0 | 120,0 | 120,0 | – | – |
| | ZWB | | | | | | | | | | |
| 2.4.4.1.3 | Größe 1,50/2,50 m | Stück | 140,0 | 140,0 | 140,0 | 140,0 | 140,0 | 140,0 | 140,0 | – | – |
| | ZWB | | | | | | | | | | |
| **2.4.4.2** | **Lichtkuppel-Aufsatzkränze eindichten mit Polymerbitumen-Schweißbahn, am AK hochgezogen bis zum oberen Rand, ohne mechanische Befestigung** | | | | | | | | | | |
| 2.4.4.2.1 | Größe 1,00/1,00 m | Stück | 120,0 | 120,0 | 120,0 | 120,0 | 120,0 | 120,0 | 120,0 | – | – |
| | ZWB | | | | | | | | | | |
| 2.4.4.2.2 | Größe 1,50/1,50 m | Stück | 150,0 | 150,0 | 150,0 | 150,0 | 150,0 | 150,0 | 150,0 | – | – |
| | ZWB | | | | | | | | | | |

➡ *Mehrzeiten für Details (2.4)*

| 2 | Flachdach und Abdichtungen | | Zeitwerte in Minuten | | | | | | | | |
|---|---|---|---|---|---|---|---|---|---|---|---|
| **Nr.** | **Kurztext-Ausführung** | **Einheit** | **Bungalow** | **Wohnblöcke, Verwaltungsgebäude** bis 6 Geschosse | **Wohnblöcke, Verwaltungsgebäude** 6–12 Geschosse | **Hallen** bis 500 $m^2$ | **Hallen** 500–1000 $m^2$ | **Hallen** über 1000 $m^2$ | **Kleinflächen** Garagen | **Kleinflächen** Terrassen | **Kleinflächen** Balkone |
| 2.4.4.2.3 | Größe 1,50/2,50 m | Stück | 190,0 | 190,0 | 190,0 | 190,0 | 190,0 | 190,0 | 190,0 | – | – |
| | ZWB | | | | | | | | | | |
| **2.4.4.3** | **Lichtkuppel-Aufsatzkränze eindichten mit Kunststoffbahnen ohne Montage einer Klemmschiene** | | | | | | | | | | |
| 2.4.4.3.1 | Größe 1,00/1,00 m | Stück | 100,0 | 100,0 | 100,0 | 100,0 | 100,0 | 100,0 | 100,0 | – | – |
| | ZWB | | | | | | | | | | |
| 2.4.4.3.2 | Größe 1,50/1,50 m | Stück | 130,0 | 130,0 | 130,0 | 130,0 | 130,0 | 130,0 | 130,0 | – | – |
| | ZWB | | | | | | | | | | |
| 2.4.4.3.3 | Größe 1,50/2,50 m | Stück | 170,0 | 170,0 | 170,0 | 170,0 | 170,0 | 170,0 | 170,0 | – | – |
| | ZWB | | | | | | | | | | |
| **2.4.5** | **Kamine** | | | | | | | | | | |
| 2.4.5.1 | Eindichten mit 2 Lagen Polymerbitumen-Schweißbahnen, einschl. Dampfsperre, Größe 60/60 cm | Stück | 175,0 | 175,0 | 175,0 | 175,0 | 175,0 | 175,0 | 175,0 | – | – |
| | ZWB | | | | | | | | | | |
| **2.4.6** | **Randprofile** | | | | | | | | | | |
| 2.4.6.1 | Dachrandabschluss zweiteilig mit verstellbaren Haltern, Profilhöhe bis 25 cm, anbringen | m | 35,0 | 36,0 | 38,0 | 35,0 | 33,0 | 32,0 | 40,0 | 40,0 | 45,0 |
| | ZWB | | | | | | | | | | |
| 2.4.6.2 | Eckenausbildung mit Eckenformstücken anbringen, Mehrpreis | Stück | 15,0 | 15,0 | 15,0 | 15,0 | 15,0 | 15,0 | 20,0 | 20,0 | 20,0 |
| | ZWB | | | | | | | | | | |
| 2.4.6.3 | Dachrandabdeckung, selbstgefertigt, Zuschnitt 50 cm, 4× gekantet, mit Halteprofilen anbringen | m | 45,0 | 48,0 | 50,0 | 45,0 | 43,0 | 42,0 | 50,0 | 50,0 | 50,0 |
| | ZWB | | | | | | | | | | |

| 2 | Flachdach und Abdichtungen | | Zeitwerte in Minuten | | | | | | | | |
|---|---|---|---|---|---|---|---|---|---|---|---|
| Nr. | Kurztext-Ausführung | Einheit | Bungalow | Wohnblöcke, Verwaltungsgebäude | | Hallen | | | Kleinflächen | | |
| | | | | bis 6 Geschosse | 6–12 Geschosse | bis 500 m² | 500–1000 m² | über 1000 m² | Garagen | Terrassen | Balkone |
| 2.4.6.4 | Eckenausbildung, vorgefertigt, geschweißt, zur Leichtmetallabdeckung anbringen, Mehrpreis | Stück | 45,0 | 45,0 | 60,0 | 60,0 | 60,0 | 60,0 | 50,0 | 50,0 | 50,0 |
| | ZWB | | | | | | | | | | |
| 2.4.6.5 | Dachrandabdeckung, selbstgefertigt, Zuschnitt 50 cm, 4× gekantet, aus Zink oder Kupfer, mit Vorstoßblech anbringen | m | 65,0 | 68,0 | 70,0 | 65,0 | 63,0 | 62,0 | 70,0 | 70,0 | 70,0 |
| | ZWB | | | | | | | | | | |
| 2.4.6.6 | Eckenausbildung herstellen und montieren zur Zink- oder Kupferabdeckung, Mehrpreis | Stück | 60,0 | 60,0 | 75,0 | 75,0 | 75,0 | 75,0 | 65,0 | 65,0 | 65,0 |
| | ZWB | | | | | | | | | | |
| **2.4.7** | **Wandanschlussprofile** | | | | | | | | | | |
| 2.4.7.1 | Anpressprofile mit Schrauben und Dübel auf Beton befestigen | m | 15,0 | 16,0 | 18,0 | 15,0 | 15,0 | 15,0 | 18,0 | 18,0 | 20,0 |
| | ZWB | | | | | | | | | | |
| 2.4.7.2 | Überhangblech auf Mauerwerk befestigen | m | 18,0 | 19,0 | 20,0 | 18,0 | 18,0 | 18,0 | 20,0 | 20,0 | 22,0 |
| | ZWB | | | | | | | | | | |
| 2.4.7.3 | Eckenausbildung herstellen, Mehrpreis | Stück | 12,0 | 12,0 | 12,0 | 12,0 | 12,0 | 12,0 | 15,0 | 15,0 | 16,0 |
| | ZWB | | | | | | | | | | |
| 2.4.7.4 | Anschlussfuge abdichten mit Fugendichtmasse | m | 6,0 | 6,0 | 6,0 | 6,0 | 5,5 | 5,5 | 8,0 | 8,0 | 10,0 |
| | ZWB | | | | | | | | | | |
| **2.4.8** | **Holzbohlen, einteilig** | | | | | | | | | | |
| 2.4.8.1 | schrauben | m | 5,0 | 5,0 | 6,0 | 5,0 | 5,0 | 5,0 | 7,0 | 7,0 | 8,0 |
| | ZWB | | | | | | | | | | |

| 2 | Flachdach und Abdichtungen | | Zeitwerte in Minuten | | | | | | | | |
|---|---|---|---|---|---|---|---|---|---|---|---|
| Nr. | Kurztext-Ausführung | Einheit | Bungalow | Wohnblöcke, Verwaltungsgebäude | | Hallen | | | Kleinflächen | | |
| | | | | bis 6 Geschosse | 6–12 Geschosse | bis 500 m² | 500–1000 m² | über 1000 m² | Garagen | Terrassen | Balkone |
| 2.4.8.2 | dübeln auf Beton mit Schrauben und Dübel je m | m | 8,0 | 8,0 | 10,0 | 8,0 | 8,0 | 8,0 | 11,0 | 11,0 | 12,0 |
| | ZWB | | | | | | | | | | |
| **2.5** | **Bauwerks-Abdichtungsarbeiten** | | | | | | | | | | |
| 2.5.1 | Voranstrich Boden bis 20 m² | m² | 6,0 | – | – | – | – | – | – | – | – |
| | ZWB | | | | | | | | | | |
| 2.5.1.1 | Wand bis 10 m² | m² | 9,0 | – | – | – | – | – | – | – | – |
| | ZWB | | | | | | | | | | |
| 2.5.2 | **Abdichten eines Nassraums (Bodenfläche) einschl. Wandanschlüsse, mit 2 Lagen Bitumenschweißbahnen, Raumgröße bis 10 m²** | m² | 50,0 | – | – | – | – | – | – | – | – |
| | ZWB | | | | | | | | | | |
| 2.5.2.1 | Raumgröße bis 20 m² | m² | 42,0 | – | – | – | – | – | – | – | – |
| | ZWB | | | | | | | | | | |
| 2.5.3 | Anschluss der Abdichtung an Rohrdurchführung mit Klemmflansch oder Ablauf mit Klemmflansch herstellen | Stück | 45,0 | – | – | – | – | – | – | – | – |
| | ZWB | | | | | | | | | | |
| 2.5.4 | Abdichtung zweilagig auf Wandflächen, bis ca. 2 m Höhe (innen) herstellen, z.B. Duschen | m² | 70,0 | – | – | – | – | – | – | – | – |
| | ZWB | | | | | | | | | | |
| 2.5.5 | Rohrdurchdringungen in Wandflächen mit Klebeflansch eindichten, ∅ bis 150 mm | Stück | 35,0 | – | – | – | – | – | – | – | – |
| | ZWB | | | | | | | | | | |

➡ *Mehrzeiten für Details (2.4)*
➡ *Bauwerks-Abdichtungsarbeiten (2.5)*

| 2 | Flachdach und Abdichtungen | | | Zeitwerte in Minuten | | | | | | | | |
|---|---|---|---|---|---|---|---|---|---|---|---|---|
| Nr. | Kurztext-Ausführung | Einheit | Bungalow | Wohnblöcke, Verwaltungsgebäude | | Hallen | | | Kleinflächen | | |
| | | | | bis 6 Geschosse | 6–12 Geschosse | bis 500 m² | 500–1000 m² | über 1000 m² | Garagen | Terrassen | Balkone |
| 2.5.6 | Rohrdurchdringungen in Wandflächen eindichten mit Fest-Losflanschverfahren | Stück | 15,0 | – | – | – | – | – | – | – | – |
| | ZWB | | | | | | | | | | |
| 2.5.7 | Anstrich 2× mit kaltem Bitumenanstrich auf senkrechten Außenflächen | m² | 15,0 | – | – | – | – | – | – | – | – |
| | ZWB | | | | | | | | | | |
| 2.5.8 | Abdichtung, 2 Lagen Schweißbahnen auf senkrechten Außenflächen, bis 2 m Höhe, Meterbahnen | m² | 55,0 | – | – | – | – | – | – | – | – |
| | ZWB | | | | | | | | | | |

# 3 Dachziegel und Dachsteine

| 3 | Dachziegel und Dachsteine | | Zeitwerte in Minuten | | | | |
|---|---|---|---|---|---|---|---|
| **Nr.** | **Kurztext-Ausführung** | **Einheit** | **Einfamilien- bis Mehrfamilien-haus** | **Wohnblöcke, Verwaltungs-gebäude** | **Villen** | **Garagen, sonstige Kleinflächen** | **Türme** |
| **3.1** | **Abrissarbeiten** | | | | | | |
| | *Diese verstehen sich auf den Arbeitsumfang der jeweils fest-gelegten Leistung bis zur Lagerung frei unmittelbar an der Abtransportstelle an der Gebäudezufahrt, ohne Abfuhr.* | | | | | | |
| **3.1.1** | **Dachziegel abdecken** | | | | | | |
| 3.1.1.1 | Dachziegel mit Lattungsweite bis 16 cm abdecken, z.B. Biberdoppeldeckung | m² | 19,0 | 20,0 | 26,0 | 27,5 | 44,0 |
| | ZWB | | | | | | |
| 3.1.1.2 | Dachziegel mit Lattungsweite bis 35 cm abdecken | m² | 12,5 | 13,2 | 17,2 | 18,2 | 30,0 |
| | ZWB | | | | | | |
| 3.1.2 | Dachsteine mit Lattungsweite bis 34,5 cm abdecken | m² | 11,4 | 12,0 | 15,6 | 16,5 | 26,4 |
| | ZWB | | | | | | |
| 3.1.3 | Firstverlegung, in Mörtel verlegt, abnehmen | m | 9,0 | 9,0 | 10,0 | 10,0 | – |
| | ZWB | | | | | | |
| 3.1.4 | Gratverlegung, in Mörtel verlegt, abnehmen | m | 10,0 | 10,0 | 12,0 | 11,0 | 15,0 |
| | ZWB | | | | | | |
| 3.1.5 | Dachschalung bis 24 mm Dicke abnehmen | m² | 20,0 | 20,0 | 24,0 | 24,0 | 35,0 |
| | ZWB | | | | | | |
| 3.1.6 | Vordeckung abnehmen | m² | 4,0 | 4,0 | 5,0 | 4,5 | 6,0 |
| | ZWB | | | | | | |

➡ *Abrissarbeiten (3.1)*

| 3 | Dachziegel und Dachsteine | | Zeitwerte in Minuten | | | | |
|---|---|---|---|---|---|---|---|
| **Nr.** | **Kurztext-Ausführung** | **Einheit** | **Einfamilien- bis Mehrfamilien-haus** | **Wohnblöcke, Verwaltungs-gebäude** | **Villen** | **Garagen, sonstige Kleinflächen** | **Türme** |
| **3.1.7** | **Dachlattung abnehmen** | | | | | | |
| 3.1.7.1 | Dachlattung bis Lattungsweite 16 cm abnehmen | m² | 12,0 | 10,5 | 14,0 | 14,0 | 17,0 |
| | ZWB | | | | | | |
| 3.1.7.2 | Dachlattung bis Lattungsweite 35 cm abnehmen | m² | 6,5 | 5,5 | 7,5 | 7,5 | 10,0 |
| | ZWB | | | | | | |
| 3.1.8 | Konterlattung abnehmen | m2 | 3,5 | 3,5 | 4,0 | 4,0 | 6,0 |
| | ZWB | | | | | | |
| 3.1.9 | Gratlattung abnehmen | m | 2,0 | 2,0 | 2,5 | 2,5 | 4,0 |
| | ZWB | | | | | | |
| 3.1.10 | Gesimsbretter bis 25 cm Breite abnehmen | m | 8,0 | 8,0 | 10,0 | 10,0 | 12,0 |
| | ZWB | | | | | | |
| 3.1.11 | Traufbohlen abnehmen | m | 4,0 | 4,0 | 5,0 | 5,0 | 6,0 |
| | ZWB | | | | | | |
| **3.2** | **Dachumdeckungen** | | | | | | |
| **3.2.1** | **Biberschwanzdeckungen** | | | | | | |
| 3.2.1.1 | Biberschwanz Doppel- oder Kronendeckung bis 37 Stück/m² aufnehmen, säubern und wiedereindecken, Format B | m² | 50,0 | 50,0 | 60,0 | 60,0 | 75,0 |
| | ZWB | | | | | | |
| 3.2.1.2 | Biberschwanz Doppel- oder Kronendeckung, bis 45 Stück/m2, aufnehmen, säubern und wiedereindecken, Format A | m² | 60,0 | 60,0 | 72,0 | 72,0 | 90,0 |
| | ZWB | | | | | | |

*Abrissarbeiten (3.1)*
*Dachumdeckungen (3.2)*

| 3 | Dachziegel und Dachsteine | | Zeitwerte in Minuten | | | | |
|---|---|---|---|---|---|---|---|
| **Nr.** | **Kurztext-Ausführung** | **Einheit** | **Einfamilien- bis Mehrfamilien-haus** | **Wohnblöcke, Verwaltungs-gebäude** | **Villen** | **Garagen, sonstige Kleinflächen** | **Türme** |
| 3.2.1.3 | Biberschwanz Doppel- oder Kronendeckung bis 37 Stück/m² aufnehmen, säubern und wiedereindecken, Deckfläche geklammert, bis 17 Klammern je m² | m² | 55,0 | 55,0 | 66,0 | 66,0 | 85,0 |
| | ZWB | | | | | | |
| 3.2.1.4 | Biberschwanz Doppel- oder Kronendeckung (wie 3.2.1.3) bis 45 Stück/m2 | m² | 65,0 | 65,0 | 78,0 | 78,0 | 100,0 |
| | ZWB | | | | | | |
| **3.2.1.5** | **Zusatzarbeiten und Details bei der Flächenumdeckung als Mehrzeiten** | | | | | | |
| 3.2.1.5.1 | Traufziegel 5,5 Stück/m verlegen, Format B | m | 4,8 | 4,8 | 4,8 | 4,8 | 4,8 |
| | ZWB | | | | | | |
| 3.2.1.5.2 | Traufziegel 6,2 Stück/m, Format A | m | 5,4 | 5,4 | 5,4 | 5,4 | 5,4 |
| | ZWB | | | | | | |
| 3.2.1.5.3 | Schlussziegel 5,5 Stück/m, einseitig verlegen, Format B | m | 6,5 | 6,5 | 6,5 | 6,5 | 6,5 |
| | ZWB | | | | | | |
| 3.2.1.5.4 | Schlussziegel 6,2 Stück/m, einseitig verlegen, Format A | m | 7,4 | 7,4 | 7,4 | 7,4 | 7,4 |
| | ZWB | | | | | | |
| 3.2.1.5.5 | Ortgangabschlussbiber 6,9 Stück/m verlegen, Format B | m | 15,0 | 15,0 | 15,0 | 15,0 | 15,0 |
| | ZWB | | | | | | |
| 3.2.1.5.6 | Ortgangdeckung auf vorhandene Zahnleisten verlegen | m | 10,0 | 10,0 | 10,0 | 10,0 | 10,0 |
| | ZWB | | | | | | |

| 3 | Dachziegel und Dachsteine | | Zeitwerte in Minuten | | | | |
|---|---|---|---|---|---|---|---|
| Nr. | Kurztext-Ausführung | Einheit | Einfamilien- bis Mehrfamilienhaus | Wohnblöcke, Verwaltungsgebäude | Villen | Garagen, sonstige Kleinflächen | Türme |
| 3.2.1.5.7 | Ortgangdeckung auf vorhandene Seitenkehlen verlegen | m | 18,0 | 18,0 | 18,0 | 18,0 | 18,0 |
| | ZWB | | | | | | |
| 3.2.1.5.8 | Anarbeiten der Deckung und Anschlüsse mit Nocken (Schichtstücke/Wandanschluss) herstellen | m | 25,0 | 25,0 | 25,0 | 25,0 | 25,0 |
| | ZWB | | | | | | |
| 3.2.1.5.9 | Seitenkehlanschlüsse herstellen | m | 18,0 | 18,0 | 18,0 | 18,0 | 18,0 |
| | ZWB | | | | | | |
| **3.2.1.5.10** | **Kehlen beischroten, einseitig** | m | 25,0 | 25,0 | 25,0 | 25,0 | 25,0 |
| | ZWB | | | | | | |
| 3.2.1.5.10.1 | Kehlen beischroten, zweiseitig | m | 50,0 | 50,0 | 50,0 | 50,0 | 50,0 |
| | ZWB | | | | | | |
| 3.2.1.5.11 | Grateindeckung beischroten, zweiseitig | m | 45,0 | 45,0 | 45,0 | 45,0 | 45,0 |
| | ZWB | | | | | | |
| 3.2.1.5.12 | Dunstrohr- oder Antennenformbiber einsetzen, ohne Ausschneiden der Schalung, ohne Anschlüsse an Vordeckung, Unterspannbahn, Unterdach u.a. | Stück | 20,0 | 20,0 | 20,0 | 20,0 | 20,0 |
| | ZWB | | | | | | |
| 3.2.1.5.13 | First in Mörtel, 3 Stück/m, verlegen | m | 30,0 | 30,0 | 30,0 | 30,0 | 45,0 |
| | ZWB | | | | | | |
| 3.2.1.5.14 | First, 3 Stück/m, trocken mit Unterkonstruktion und Lüfterelemente verlegen | m | 35,0 | 35,0 | 40,0 | 40,0 | 50,0 |
| | ZWB | | | | | | |

| 3 | Dachziegel und Dachsteine | | Zeitwerte in Minuten | | | | |
|---|---|---|---|---|---|---|---|
| **Nr.** | **Kurztext-Ausführung** | **Einheit** | **Einfamilien- bis Mehrfamilien-haus** | **Wohnblöcke, Verwaltungs-gebäude** | **Villen** | **Garagen, sonstige Kleinflächen** | **Türme** |
| 3.2.1.5.15 | Grat in Mörtel, ohne beischroten, verlegen | m | 40,0 | 40,0 | 40,0 | 40,0 | 60,0 |
| | ZWB | | | | | | |
| 3.2.1.5.16 | Grat, 3 Stück/m, trocken mit Unterkonstruktion und Lüfterelemente verlegen | m | 40,0 | 35,0 | 45,0 | 45,0 | 60,0 |
| | ZWB | | | | | | |
| 3.2.1.5.17 | Brand-Trennmauern mit Trennung der Dachlattung und Metallstäben genagelt, in Mörtelbrett verlegen | m | 25,0 | 25,0 | 25,0 | 25,0 | – |
| | ZWB | | | | | | |
| 3.2.1.5.18 | Glasbiber eindecken | m | 6,0 | 6,0 | 6,0 | 6,0 | 10,0 |
| | ZWB | | | | | | |
| 3.2.1.5.19 | Lüfterbiber eindecken | Stück | 12,0 | 12,0 | 12,0 | 12,0 | 15,0 |
| | ZWB | | | | | | |
| 3.2.1.5.20 | Horizontalzuschnitte, 5,5 Stück/m, herstellen, Format B | m | 20,0 | 20,0 | 20,0 | 20,0 | 25,0 |
| | ZWB | | | | | | |
| 3.2.1.5.21 | Horizontalzuschnitte, 6,2 Stück/m, herstellen, Format A | m | 22,5 | 22,5 | 22,5 | 22,5 | 30,0 |
| | ZWB | | | | | | |
| 3.2.1.5.22 | Standrostplatte-Biber mit Unterstützungslatte einbauen | m | 25,0 | 25,0 | 25,0 | 25,0 | – |
| | ZWB | | | | | | |
| 3.2.1.5.23 | Standrost bis 1,00 m Länge einbauen | Stück | 15,0 | 15,0 | 15,0 | 15,0 | – |
| | ZWB | | | | | | |

| 3 | Dachziegel und Dachsteine | | Zeitwerte in Minuten | | | | |
|---|---|---|---|---|---|---|---|
| **Nr.** | **Kurztext-Ausführung** | **Einheit** | **Einfamilien- bis Mehrfamilien-haus** | **Wohnblöcke, Verwaltungs-gebäude** | **Villen** | **Garagen, sonstige Kleinflächen** | **Türme** |
| 3.2.1.5.24 | Kehldeckungen als deutsch eingebundene Kehlen, 2 Ziegel breit, herstellen. Zuschlag zur Fläche, einschl. Kehlbrett bis 28 cm und Vordeckung, Breite 50 cm | Stück | 180,0 | 180,0 | 180,0 | 180,0 | 180,0 |
| | ZWB | | | | | | |
| **3.2.2** | **Dachziegel, verfalzt** | | | | | | |
| 3.2.2.1 | Dachziegel, verfalzt, ca. 15 Stück/m² aufnehmen, säubern der Falze und wiedereindecken | m² | 25,0 | 25,0 | 30,0 | 30,0 | 40,0 |
| | ZWB | | | | | | |
| 3.2.2.2 | Dachziegel bis 15 Stück/m², Deckfläche geklammert, mit Seitenfalzklammer | m² | 30,0 | 30,0 | 35,0 | 35,0 | 48,0 |
| | ZWB | | | | | | |
| **3.2.2.3** | **Zusatzarbeiten und Details bei der Flächenumdeckung als Mehrzeiten** | | | | | | |
| 3.2.2.3.1 | Traufziegel, 5 Stück/m, verlegen | m | 4,0 | 4,0 | 4,0 | 4,0 | 6,0 |
| | ZWB | | | | | | |
| 3.2.2.3.2 | Ortgangziegel einteilig, 3 Stück/m, verlegen | m | 8,0 | 8,0 | 8,0 | 8,0 | 10,0 |
| | ZWB | | | | | | |
| 3.2.2.3.3 | Ortgangziegel zweiteilig, 3 Stück/m, verlegen | m | 15,0 | 15,0 | 15,0 | 15,0 | 25,0 |
| | ZWB | | | | | | |
| 3.2.2.3.4 | Ortgangdeckung auf vorhandene Zahnleisten verlegen | m | 8,0 | 8,0 | 8,0 | 8,0 | 10,0 |
| | ZWB | | | | | | |
| 3.2.2.3.5 | Ortgangdeckung auf vorhandene Seitenkehlen verlegen | m | 8,0 | 8,0 | 8,0 | 8,0 | 10,0 |
| | ZWB | | | | | | |

➡ *Dachumdeckungen (3.2)*

| 3 | Dachziegel und Dachsteine | | Zeitwerte in Minuten | | | | |
|---|---|---|---|---|---|---|---|
| **Nr.** | **Kurztext-Ausführung** | **Einheit** | **Einfamilien- bis Mehrfamilien-haus** | **Wohnblöcke, Verwaltungs-gebäude** | **Villen** | **Garagen, sonstige Kleinflächen** | **Türme** |
| 3.2.2.3.6 | Anarbeiten der Deckung und Anschlüsse mit Nocken (Schichtstücken/Wandanschluss) herstellen | m | 20,0 | 20,0 | 20,0 | 20,0 | 30,0 |
| | ZWB | | | | | | |
| 3.2.2.3.7 | Seitenkehlanschlüsse herstellen | m | 15,0 | 15,0 | 15,0 | 15,0 | 20,0 |
| | ZWB | | | | | | |
| **3.2.2.3.8** | **Kehlen beischroten, einseitig** | m | 15,0 | 15,0 | 15,0 | 15,0 | 20,0 |
| | ZWB | | | | | | |
| 3.2.2.3.8.1 | Kehlen beischroten, zweiseitig | m | 30,0 | 30,0 | 30,0 | 30,0 | 40,0 |
| | ZWB | | | | | | |
| 3.2.2.3.9 | Grateindeckung beischroten, zweiseitig | m | 25,0 | 25,0 | 25,0 | 25,0 | 40,0 |
| | ZWB | | | | | | |
| 3.2.2.3.10 | Dunstrohr- oder Antennenformpfanne einsetzen ohne Ausschneiden der Schalung, ohne Anschlüsse an Vordeckung, Unterspannbahn, Unterdach u.a. | Stück | 15,0 | 15,0 | 15,0 | 15,0 | 15,0 |
| | ZWB | | | | | | |
| 3.2.2.3.11 | First in Mörtel, 3 Stück/m, verlegen | m | 35,0 | 35,0 | 35,0 | 35,0 | 50,0 |
| | ZWB | | | | | | |
| 3.2.2.3.12 | Firstanschlussziegel, zweiseitig, 10 Stück/m, verlegen | m | 10,0 | 10,0 | 10,0 | 10,0 | 20,0 |
| | ZWB | | | | | | |
| 3.2.2.3.13 | First, 3 Stück/m, trocken, mit Unterkonstruktion und Lüfterelemente verlegen | m | 40,0 | 35,0 | 45,0 | 45,0 | 55,0 |
| | ZWB | | | | | | |

| 3 | Dachziegel und Dachsteine | | Zeitwerte in Minuten | | | | |
|---|---|---|---|---|---|---|---|
| **Nr.** | **Kurztext-Ausführung** | **Einheit** | **Einfamilien- bis Mehrfamilien-haus** | **Wohnblöcke, Verwaltungs-gebäude** | **Villen** | **Garagen, sonstige Kleinflächen** | **Türme** |
| 3.2.2.3.14 | Grat in Mörtel, ohne beischroten, verlegen | m | 50,0 | 50,0 | 50,0 | 50,0 | 80,0 |
| | ZWB | | | | | | |
| 3.2.2.3.15 | Grat, 3 Stück/m, trocken, mit Unterkonstruktion und Lüfterelemente verlegen | m | 45,0 | 40,0 | 50,0 | 50,0 | 60,0 |
| | ZWB | | | | | | |
| 3.2.2.3.16 | Brand-Trennmauern mit Trennung der Dachlattung und Metallstäben genagelt, in Mörtelbett verlegen | m | 25,0 | 25,0 | 25,0 | 25,0 | – |
| | ZWB | | | | | | |
| 3.2.2.3.17 | Glaspfannen verlegen | Stück | 4,0 | 4,0 | 4,0 | 4,0 | 9,0 |
| | ZWB | | | | | | |
| 3.2.2.3.18 | Lüfterziegel verlegen | Stück | 4,0 | 4,0 | 4,0 | 4,0 | 9,0 |
| | ZWB | | | | | | |
| 3.2.2.3.19 | Horizontalschnitte, 5 Stück/m, verlegen | Stück | 16,0 | 16,0 | 16,0 | 16,0 | 20,0 |
| | ZWB | | | | | | |
| 3.2.2.3.20 | Schneestoppziegel verlegen | Stück | 4,0 | 4,0 | 4,0 | 4,0 | – |
| | ZWB | | | | | | |
| 3.2.2.3.21 | Standrostpfanne mit Unterstützungsplatte einbauen | Stück | 25,0 | 25,0 | 25,0 | 25,0 | – |
| | ZWB | | | | | | |
| 3.2.2.3.22 | Standroste bis 1,00 m Länge einbauen | Stück | 15,0 | 15,0 | 15,0 | 15,0 | – |
| | ZWB | | | | | | |

| 3 | Dachziegel und Dachsteine | | Zeitwerte in Minuten | | | | |
|---|---|---|---|---|---|---|---|
| **Nr.** | **Kurztext-Ausführung** | **Einheit** | **Einfamilien- bis Mehrfamilien-haus** | **Wohnblöcke, Verwaltungs-gebäude** | **Villen** | **Garagen, sonstige Kleinflächen** | **Türme** |
| **3.2.3** | **Hohlpfannen** | | | | | | |
| 3.2.3.1 | Hohlpfannen aufnehmen, säubern und trocken wieder eindecken | $m^2$ | 50,0 | 45,0 | 60,0 | 60,0 | 80,0 |
| | ZWB | | | | | | |
| 3.2.3.2 | Hohlpfannen aufnehmen, säubern und in Papp- oder Strohdocken wieder eindecken | $m^2$ | 60,0 | 55,0 | 70,0 | 70,0 | 90,0 |
| | ZWB | | | | | | |
| 3.2.3.3 | Hohlpfannen aufnehmen, säubern und mit Längs- und Querschlag wieder eindecken | $m^2$ | 95,0 | 85,0 | 105,0 | 105,0 | 140,0 |
| | ZWB | | | | | | |
| **3.2.3.4** | **Zusatzarbeiten und Details bei der Flächenumdeckung als Mehrzeiten** | | | | | | |
| 3.2.3.4.1 | Dachziegel, Hohlpfannen bis 16 Stück/$m^2$, jeden Dachziegel klammern mit Kopfklammer | $m^2$ | 3,5 | 3,5 | 4,0 | 4,0 | 6,5 |
| | ZWB | | | | | | |
| 3.2.3.4.2 | Traufziegel, 5 Stück/m, verlegen | $m^2$ | 4,0 | 4,0 | 4,0 | 4,0 | 6,0 |
| | ZWB | | | | | | |
| 3.2.3.4.3 | Ortgangziegel, einteilig, 3 Stück/m, verlegen | m | 8,0 | 8,0 | 8,0 | 8,0 | 10,0 |
| | ZWB | | | | | | |
| 3.2.3.4.4 | Ortgangziegel, zweiteilig, 3 Stück/m, verlegen | m | 15,0 | 15,0 | 15,0 | 15,0 | 25,0 |
| | ZWB | | | | | | |
| 3.2.3.4.5 | Ortgangdeckung auf vorhandene Zahnleisten verlegen | m | 8,0 | 8,0 | 8,0 | 8,0 | 10,0 |
| | ZWB | | | | | | |

➡ *Dachumdeckungen (3.2)*

| 3 | Dachziegel und Dachsteine | | Zeitwerte in Minuten | | | | |
|---|---|---|---|---|---|---|---|
| **Nr.** | **Kurztext-Ausführung** | **Einheit** | **Einfamilien- bis Mehrfamilien-haus** | **Wohnblöcke, Verwaltungs-gebäude** | **Villen** | **Garagen, sonstige Kleinflächen** | **Türme** |
| 3.2.3.4.6 | Ortgangdeckung auf vorhandene Seitenkehlen verlegen | m | 8,0 | 8,0 | 8,0 | 8,0 | 10,0 |
| | ZWB | | | | | | |
| 3.2.3.4.7 | Anarbeiten der Deckung und Anschlüssse mit Nocken (Schichtstücken/Wandanschluss) herstellen | m | 20,0 | 20,0 | 20,0 | 20,0 | 30,0 |
| | ZWB | | | | | | |
| 3.2.3.4.8 | Seitenkehlanschlüsse herstellen | m | 15,0 | 15,0 | 15,0 | 15,0 | 20,0 |
| | ZWB | | | | | | |
| **3.2.3.4.9** | **Kehlanschlüsse beischroten, einseitig** | m | 15,0 | 15,0 | 15,0 | 15,0 | 20,0 |
| | ZWB | | | | | | |
| 3.2.3.4.9.1 | Kehlanschlüsse beischroten, zweiseitig | m | 30,0 | 30,0 | 30,0 | 30,0 | 40,0 |
| | ZWB | | | | | | |
| 3.2.3.4.10 | Grateindeckung beischroten, zweiseitig | m | 25,0 | 25,0 | 25,0 | 25,0 | 40,0 |
| | ZWB | | | | | | |
| 3.2.3.4.11 | Dunstrohr- oder Antennenformpfanne einsetzen ohne Ausschneiden der Schalung, ohne Anschlüsse an Vordeckung, Unterspannbahn, Unterdach u.a. | Stück | 15,0 | 15,0 | 15,0 | 15,0 | 15,0 |
| | ZWB | | | | | | |
| 3.2.3.4.12 | First in Mörtel, 3 Stück/m, verlegen | m | 35,0 | 35,0 | 35,0 | 35,0 | 50,0 |
| | ZWB | | | | | | |
| 3.2.3.4.13 | First, 3 Stück/m, trocken, mit Unterkonstruktion und Lüfterelemente verlegen | Stück | 40,0 | 35,0 | 45,0 | 45,0 | 55,0 |
| | ZWB | | | | | | |

| 3 | Dachziegel und Dachsteine | | Zeitwerte in Minuten | | | | |
|---|---|---|---|---|---|---|---|
| Nr. | Kurztext-Ausführung | Einheit | Einfamilien- bis Mehrfamilien-haus | Wohnblöcke, Verwaltungs-gebäude | Villen | Garagen, sonstige Kleinflächen | Türme |
| 3.2.3.4.14 | Grat in Mörtel, ohne beischroten, verlegen | m | 45,0 | 40,0 | 50,0 | 50,0 | 60,0 |
| | ZWB | | | | | | |
| 3.2.3.4.15 | Grat, 3 Stück/m, mit Unterkonstruktion und Lüfterelemente verlegt | m | 45,0 | 40,0 | 50,0 | 50,0 | 60,0 |
| | ZWB | | | | | | |
| 3.2.3.4.16 | Brand-Trennmauern mit Trennung der Dachlattung und Metallstäben genagelt, in Mörtelbett verlegen | m | 25,0 | 25,0 | 25,0 | 25,0 | – |
| | ZWB | | | | | | |
| 3.2.3.4.17 | Glaspfannen verlegen | Stück | 4,0 | 4,0 | 4,0 | 4,0 | 9,0 |
| | ZWB | | | | | | |
| 3.2.3.4.18 | Lüfterziegel verlegen | Stück | 4,0 | 4,0 | 4,0 | 4,0 | 9,0 |
| | ZWB | | | | | | |
| 3.2.3.4.19 | Horizontalschnitte, 5 Stück/m, verlegen | m | 16,0 | 16,0 | 16,0 | 16,0 | 20,0 |
| | ZWB | | | | | | |
| 3.2.3.4.20 | Standrostpfanne mit Unterstützungsplatte einbauen | m | 25,0 | 25,0 | 25,0 | 25,0 | – |
| | ZWB | | | | | | |
| 3.2.3.4.21 | Standroste bis 1,00 m Länge einbauen | Stück | 15,0 | 15,0 | 15,0 | 15,0 | – |
| | ZWB | | | | | | |
| **3.2.4** | **Dachsteine** | | | | | | |
| 3.2.4.1 | Dachsteine, ca. 10 Stück/m², aufnehmen, säubern und wiedereindecken | m2 | 20,0 | 20,0 | 25,0 | 25,0 | 35,0 |
| | ZWB | | | | | | |

| 3 | Dachziegel und Dachsteine | | Zeitwerte in Minuten | | | | |
|---|---|---|---|---|---|---|---|
| Nr. | Kurztext-Ausführung | Einheit | Einfamilien- bis Mehrfamilien-haus | Wohnblöcke, Verwaltungs-gebäude | Villen | Garagen, sonstige Kleinflächen | Türme |
| 3.2.4.2 | Dachsteine, bis 10 Stück/m², Deckfläche geklammert mit Seitenfalzklammer | m2 | 23,0 | 23,0 | 28,0 | 28,0 | 40,0 |
| | ZWB | | | | | | |
| **3.2.4.3** | **Zusatzarbeiten und Details bei der Flächenumdeckung als Mehrzeiten** | | | | | | |
| 3.2.4.3.1 | Ortgangsteine, 3 Stück/m, verlegen | m | 9,0 | 9,0 | 9,0 | 9,0 | 15,0 |
| | ZWB | | | | | | |
| 3.2.4.3.2 | Ortgangdeckung auf vorhandene Zahnleisten verlegen (Doppelkremper) | m | 9,0 | 9,0 | 9,0 | 9,0 | 15,0 |
| | ZWB | | | | | | |
| 3.2.4.3.3 | Ortgangdeckung auf vorhandener Seitenkehle verlegen | m | 9,0 | 9,0 | 9,0 | 9,0 | 15,0 |
| | ZWB | | | | | | |
| 3.2.4.3.4 | Pultsteine, 3,3 Stück/m, verlegen | m | 6,0 | 6,0 | 6,0 | 6,0 | 12,0 |
| | ZWB | | | | | | |
| 3.2.4.3.5 | Anarbeiten der Deckung und Anschlüsse mit Nocken (Schichtstücke/Wandanschluss) herstellen | m | 20,0 | 20,0 | 20,0 | 20,0 | 30,0 |
| | ZWB | | | | | | |
| **3.2.4.3.6** | **Kehlen beischroten, einseitig** | m | 17,0 | 17,0 | 17,0 | 17,0 | 22,0 |
| | ZWB | | | | | | |
| 3.2.4.3.6.1 | Kehlen beischroten, zweiseitig | m | 34,0 | 34,0 | 34,0 | 34,0 | 44,0 |
| | ZWB | | | | | | |

| 3 | Dachziegel und Dachsteine | | Zeitwerte in Minuten | | | | |
|---|---|---|---|---|---|---|---|
| **Nr.** | **Kurztext-Ausführung** | **Einheit** | **Einfamilien- bis Mehrfamilien-haus** | **Wohnblöcke, Verwaltungs-gebäude** | **Villen** | **Garagen, sonstige Kleinflächen** | **Türme** |
| 3.2.4.3.7 | Grateindeckung beischroten, beidseitig | m | 30,0 | 30,0 | 30,0 | 30,0 | 45,0 |
| | ZWB | | | | | | |
| 3.2.4.3.8 | First, 2,5 Stück/m, trocken, mit Unterkonstruktion und Lüfterelemente verlegen | m | 40,0 | 35,0 | 45,0 | 45,0 | 55,0 |
| | ZWB | | | | | | |
| 3.2.4.3.9 | Grat, bis 2,5 Stück/m, mit Unterkonstruktion und Lüfterelemente verlegen | m | 45,0 | 40,0 | 50,0 | 50,0 | 60,0 |
| | ZWB | | | | | | |
| 3.2.4.3.10 | Dunstrohrpfanne einsetzen, einschl. Flexanschluss, Windsperre anschließen | Stück | 45,0 | 45,0 | 45,0 | 45,0 | – |
| | ZWB | | | | | | |
| 3.2.4.3.11 | Brand-Trennmauern mit Trennung der Dachlattung und Metallstäben genagelt, im Mörtelbett verlegt | m | 25,0 | 25,0 | 25,0 | 25,0 | – |
| | ZWB | | | | | | |
| 3.2.4.3.12 | Anarbeiten der Dachdeckung und Anschluss mit Nocken (Schichtstücken/Wandanschluß) herstellen | m | 20,0 | 20,0 | 20,0 | 20,0 | 30,0 |
| | ZWB | | | | | | |
| 3.2.4.3.13 | Lichtpfannen verlegen | Stück | 3,0 | 3,0 | 3,0 | 3,0 | 7,0 |
| | ZWB | | | | | | |
| 3.2.4.3.14 | Lüftersteine verlegen | Stück | 4,0 | 4,0 | 4,0 | 4,0 | 9,0 |
| | ZWB | | | | | | |
| 3.2.4.3.15 | Schneestoppsteine verlegen | Stück | 4,0 | 4,0 | 4,0 | 4,0 | – |
| | ZWB | | | | | | |

| 3 | Dachziegel und Dachsteine | | Zeitwerte in Minuten | | | | |
|---|---|---|---|---|---|---|---|
| **Nr.** | **Kurztext-Ausführung** | **Einheit** | **Einfamilien- bis Mehrfamilien-haus** | **Wohnblöcke, Verwaltungs-gebäude** | **Villen** | **Garagen, sonstige Kleinflächen** | **Türme** |
| 3.2.4.3.16 | Standroststeine mit Unterstützung einbauen | Stück | 20,0 | 20,0 | 20,0 | 20,0 | – |
| | ZWB | | | | | | |
| 3.2.4.3.17 | Standroste bis 1,00 m Länge | Stück | 15,0 | 15,0 | 15,0 | 15,0 | – |
| | ZWB | | | | | | |
| **3.3** | **Deckunterlagen** | | | | | | |
| | *Diese verstehen sich für ebene Dachflächen ohne Durchdringungen, wie Dachausbauten, Dachfenster, Kamine u. ä., die gesondert mit entsprechenden Mehrzeiten zu kalkulieren sind.* | | | | | | |
| **3.3.1** | **Dachschalung** | | | | | | |
| 3.3.1.1 | Dachschalung, Holz sägerauh bis 24 mm, bis 35 Grad DN, aufbringen | m² | 20,0 | 18,0 | 25,0 | 25,0 | 40,0 |
| | ZWB | | | | | | |
| 3.3.1.2 | Dachschalung, Holz sägerauh bis 24 mm, über 35 Grad DN, aufbringen | m² | 25,0 | 23,0 | 30,0 | 30,0 | 50,0 |
| | ZWB | | | | | | |
| 3.3.1.3 | Dachschalung, Spanplatten bis 22 mm, bis 35 Grad DN, aufbringen | m² | 15,0 | 13,0 | 20,0 | 20,0 | 35,0 |
| | ZWB | | | | | | |
| 3.3.1.4 | Dachschalung, Spanplatten bis 22 mm, über 35 Grad DN, aufbringen | m² | 20,0 | 18,0 | 25,0 | 25,0 | 40,0 |
| | ZWB | | | | | | |

➡ *Dachumdeckungen (3.2)*
➡ *Deckunterlagen (3.3)*

| 3 | Dachziegel und Dachsteine | | Zeitwerte in Minuten | | | | |
|---|---|---|---|---|---|---|---|
| **Nr.** | **Kurztext-Ausführung** | **Einheit** | **Einfamilien- bis Mehrfamilien-haus** | **Wohnblöcke, Verwaltungs-gebäude** | **Villen** | **Garagen, sonstige Kleinflächen** | **Türme** |
| **3.3.2** | **Faserzement-Unterdachplatten** | | | | | | |
| 3.3.2.1 | Faserzement-Unterdachplatten, bis 35 Grad DN, befestigen | m² | 12,0 | 11,0 | 17,0 | 17,0 | 35,0 |
| | ZWB | | | | | | |
| 3.3.2.2 | Faserzement-Unterdachplatten, über 35 Grad DN, befestigen | m² | 17,0 | 16,0 | 22,0 | 22,0 | 40,0 |
| | ZWB | | | | | | |
| **3.3.3** | **Vordeckung** | | | | | | |
| 3.3.3.1 | Vordeckung mit Bitumendachbahn, bis 35 Grad DN, verlegen | m² | 6,0 | 6,0 | 7,2 | 7,5 | 12,0 |
| | ZWB | | | | | | |
| 3.3.3.2 | Vordeckung mit Bitumendachbahn, über 35 Grad DN, verlegen | m² | 9,0 | 9,0 | 11,0 | 11,0 | 15,0 |
| | ZWB | | | | | | |
| **3.3.4** | **Unterspannbahnen**<br>bis 1,50 m Breite verlegen | m² | 4,3 | 4,0 | 7,2 | 5,5 | 10,0 |
| | ZWB | | | | | | |
| **3.3.5** | **Details Unterspannbahn** | | | | | | |
| 3.3.5.1 | Unterspannbahn-Element für Durchführung | Stück | 5,0 | 5,0 | 5,0 | 5,0 | |
| | ZWB | | | | | | |
| 3.3.5.2 | Fenstermanschette für Unterspannbahn einkleben | Stück | 30,0 | 30,0 | 30,0 | 30,0 | |
| | ZWB | | | | | | |
| 3.3.5.3 | Anschlüsse der Unterspannbahn an Kehlen, Wand, Ortgang | m | 7,0 | 6,5 | 6,5 | 6,0 | |
| | ZWB | | | | | | |

| 3 | Dachziegel und Dachsteine | | Zeitwerte in Minuten | | | | |
|---|---|---|---|---|---|---|---|
| **Nr.** | **Kurztext-Ausführung** | **Einheit** | **Einfamilien- bis Mehrfamilien-haus** | **Wohnblöcke, Verwaltungs-gebäude** | **Villen** | **Garagen, sonstige Kleinflächen** | **Türme** |
| 3.3.5.4 | Nahtüberdeckung verkleben bei Unterspannbahn/ Unterdeckbahn mit vorkonfektionierter Klebenaht | m² | 1 | 1 | 2 | 1 | 2 |
| | ZWB | | | | | | |
| 3.3.5.5 | Nahtüberdeckung verkleben bei Unterspannbahn/ Unterdeckbahn mit doppelseitigem Klebeband | m² | 3 | 3 | 4 | 3 | 4 |
| | ZWB | | | | | | |
| 3.3.5.6 | Nahtüberdeckung verkleben bei Unterspannbahn/ Unterdeckbahn mit einseitigem Klebeband | m² | 3 | 3 | 4 | 3 | 4 |
| | ZWB | | | | | | |
| 3.3.5.7 | Dachdichtungsbahn für regensicheres Unterdach verlegen | m² | 9 | 10 | 12 | 10 | |
| | ZWB | | | | | | |
| 3.3.5.8 | Dachdichtungsbahn für wasserdichtes Unterdach verlegen | m² | 11 | 12 | 14 | 12 | |
| | ZWB | | | | | | |
| **3.3.6** | **Konterlatten** | | | | | | |
| 3.3.6.1 | Konterlattung bis 40/60 cm, bis 1,6 m/m² befestigen | m² | 3,5 | 3,2 | 5,1 | 4,0 | 6,4 |
| | ZWB | | | | | | |
| 3.3.6.2 | Konterbretter, z.B. für Dämmsysteme, die auf den Sparren verlegt werden, z.B. 30 mm dick, bis 10 cm breit, bis 1,6 m/m² anbringen | m² | 6,0 | 5,5 | 6,5 | 6,0 | 11,0 |
| | ZWB | | | | | | |
| 3.3.6.3 | Nageldichtband/Nageldichtmasse verlegen | m² | 1,5 | 1 | 2 | 2 | |
| | ZWB | | | | | | |

| 3 | Dachziegel und Dachsteine | | Zeitwerte in Minuten | | | | |
|---|---|---|---|---|---|---|---|
| **Nr.** | **Kurztext-Ausführung** | **Einheit** | **Einfamilien- bis Mehrfamilien-haus** | **Wohnblöcke, Verwaltungs-gebäude** | **Villen** | **Garagen, sonstige Kleinflächen** | **Türme** |
| **3.3.7** | **Dachlattung** | | | | | | |
| 3.3.7.1 | 30/50 mm, Bedarf 3,15 m je m², anbringen | m² | 8,7 | 8,0 | 9,8 | 8,7 | 15,0 |
| | ZWB | | | | | | |
| 3.3.7.2 | 40/60 mm, Bedarf 3,15 m je m², anbringen | m² | 9,7 | 9,0 | 10,8 | 9,7 | 17,0 |
| | ZWB | | | | | | |
| 3.3.7.3 | 30/50 mm, Bedarf 6,90 m je m², anbringen | m² | 17,4 | 16,0 | 19,6 | 17,4 | 30,0 |
| | ZWB | | | | | | |
| 3.3.7.4 | 40/60 mm, Bedarf 6,90 m je m², anbringen | m² | 19,4 | 18,0 | 21,6 | 19,4 | 34,0 |
| | ZWB | | | | | | |
| **3.3.8** | **Details Holz** | | | | | | |
| 3.3.8.1 | Traufbohlen anbringen | m | 6,3 | 5,8 | 7,5 | 6,0 | 12,0 |
| | ZWB | | | | | | |
| 3.3.8.2 | Gratlatte bis 40/60 mm anbringen | m | 6,5 | 6,5 | 8,0 | 7,0 | 12,0 |
| | ZWB | | | | | | |
| 3.3.8.3 | Lüftertrockenfirst-Unterkonstruktion mit Metallfirstlattenhaltern bis 2,0 Stück/m und Firstlatte einbauen | m | 12,0 | 10,0 | 14,0 | 14,0 | – |
| | ZWB | | | | | | |
| 3.3.8.4 | Lüftergrat-Unterkonstruktion mit Metallgratlattenhaltern bis 2,0 Stück/m und Gratlatte einbauen | m | 13,0 | 11,0 | 15,0 | 15,0 | 24,0 |
| | ZWB | | | | | | |

| 3 | Dachziegel und Dachsteine | | Zeitwerte in Minuten | | | | |
|---|---|---|---|---|---|---|---|
| **Nr.** | **Kurztext-Ausführung** | **Einheit** | **Einfamilien- bis Mehrfamilien-haus** | **Wohnblöcke, Verwaltungs-gebäude** | **Villen** | **Garagen, sonstige Kleinflächen** | **Türme** |
| **3.3.8.5** | **Ortgangbrett (Unter- oder Hängebrett) bis 25 cm Breite anbringen** | m | 18,0 | 16,5 | 19,0 | 17,0 | 36,0 |
| | ZWB | | | | | | |
| 3.3.8.5.1 | Unterbrett bis 25 cm anbringen | m | 20,0 | 18,5 | 21,0 | 19,0 | 40,0 |
| | ZWB | | | | | | |
| 3.3.8.6 | Stirnbrett bis 25 cm anbringen | m | 18,0 | 16,5 | 19,0 | 17,0 | 36,0 |
| | ZWB | | | | | | |
| 3.3.8.7 | Zahnleiste bis 16 cm Lattungsweite anbringen | m | 30,0 | 27,0 | 32,0 | 28,2 | 60,0 |
| | ZWB | | | | | | |
| 3.3.8.8 | Zahnleiste bis 35 cm Lattungsweite anbringen | m | 25,0 | 22,4 | 28,0 | 23,2 | 55,0 |
| | ZWB | | | | | | |
| 3.3.8.9 | Traufgesimsbretter (Unter- oder Hängebrett) bis 25 cm Breite anbringen | m | 20,0 | 18,5 | 21,0 | 19,0 | 40,0 |
| | ZWB | | | | | | |
| 3.3.8.10 | Kehlbohlen für Metall- und Kunststoffkehlen 2 × bis 25 cm verlegen | m | 30,0 | 25,0 | 35,0 | 35,0 | 60,0 |
| | ZWB | | | | | | |
| 3.3.8.11 | Kehlbrett bis 28 cm herstellen | m | 15,0 | 12,5 | 17,5 | 17,5 | 30,0 |
| | ZWB | | | | | | |
| **3.4** | **Neueindeckung/Sanierung (Verwendung neuer Werkstoffe)** | | | | | | |
| | *Diese versteht sich für ebene Dachflächen ohne das Eindecken und Anarbeiten des Deckwerkstoffes an Dachdurchdringungen, Kehlen, Grate und Zuschnitte aller Art.* | | | | | | |

➡ *Deckunterlagen (3.3)*
➡ *Neueindeckung/Sanierung (Verwendung neuer Werkstoffe) (3.4)*

| 3 | Dachziegel und Dachsteine | | Zeitwerte in Minuten | | | | |
|---|---|---|---|---|---|---|---|
| **Nr.** | **Kurztext-Ausführung** | **Einheit** | **Einfamilien- bis Mehrfamilienhaus** | **Wohnblöcke, Verwaltungsgebäude** | **Villen** | **Garagen, sonstige Kleinflächen** | **Türme** |
| **3.4.1** | **Biberschwanzdeckungen** | | | | | | |
| 3.4.1.1 | Biberschwanzziegel, Format 18/38 cm, Doppeldeckung, bis 37 Stück/m² verlegen | m² | 40,0 | 35,0 | 50,0 | 50,0 | 80,0 |
| | ZWB | | | | | | |
| 3.4.1.2 | Biberdachsteine, Format 16,8/42 cm, Doppeldeckung, bis 35,5 Stück/m² verlegen | m² | 38,0 | 33,0 | 45,0 | 45,0 | 75,0 |
| | ZWB | | | | | | |
| 3.4.1.3 | Biberschwanzziegel, Format 16/36,5 cm, Doppeldeckung, bis 40 Stück/m² verlegen | m² | 44,0 | 38,5 | 55,0 | 55,0 | 88,0 |
| | ZWB | | | | | | |
| 3.4.1.4 | Biberschwanzziegel, Format 18/38 cm, Kronendeckung, bis 37 Stück/m² verlegen | m² | 40,0 | 35,0 | 50,0 | 50,0 | 80,0 |
| | ZWB | | | | | | |
| 3.4.1.5 | Biberschwanzziegel, Doppeldeckung bis 37 Stück/m², ganze Deckfläche klammern, bis 17 Klammern je m² | m² | 5,5 | 5,0 | 6,0 | 6,0 | 10,0 |
| | ZWB | | | | | | |
| **3.4.1.6** | **Zusatzarbeiten und Details** bei der Flächenneudeckung als Mehrzeiten zur Flächendeckung (Biberschwanzdeckungen) | | | | | | |
| 3.4.1.6.1 | Traufziegel, 5,5 Stück/m, verlegen | m | 4,8 | 4,8 | 4,8 | 8 | 4,8 |
| | ZWB | | | | | | |
| 3.4.1.6.2 | Traufziegel, 6,2 Stück/m, verlegen | m | 5,4 | 5,4 | 5,4 | 5,4 | 5,4 |
| | ZWB | | | | | | |

| 3 | Dachziegel und Dachsteine | | Zeitwerte in Minuten | | | | |
|---|---|---|---|---|---|---|---|
| **Nr.** | **Kurztext-Ausführung** | **Einheit** | **Einfamilien- bis Mehrfamilien-haus** | **Wohnblöcke, Verwaltungs-gebäude** | **Villen** | **Garagen, sonstige Kleinflächen** | **Türme** |
| 3.4.1.6.3 | Schlussziegel, 5,5 Stück/m, einseitig verlegen | m | 6,5 | 6,5 | 6,5 | 6,5 | 6,5 |
| | ZWB | | | | | | |
| 3.4.1.6.4 | Schlussziegel, 6,2 Stück/m, einseitig verlegen | m | 7,4 | 7,4 | 7,4 | 7,4 | 7,4 |
| | ZWB | | | | | | |
| 3.4.1.6.5 | Ortgangabschlussbiber, 6,9 Stück/m, verlegen | m | 15,0 | 15,0 | 15,0 | 15,0 | 15,0 |
| | ZWB | | | | | | |
| 3.4.1.6.6 | Ortgangdeckung auf vorhandene Zahnleisten verlegen | m | 10,0 | 10,0 | 10,0 | 10,0 | 10,0 |
| | ZWB | | | | | | |
| 3.4.1.6.7 | Ortgangdeckung auf vorhandene Seitenkehlen verlegen | m | 18,0 | 18,0 | 18,0 | 18,0 | 18,0 |
| | ZWB | | | | | | |
| 3.4.1.6.8 | Anschlüsse mit Nocken (Schichtstücke/Wandanschluss) herstellen | m | 25,0 | 25,0 | 25,0 | 25,0 | 25,0 |
| | ZWB | | | | | | |
| 3.4.1.6.9 | Seitenkehlanschlüsse herstellen | m | 18,0 | 18,0 | 18,0 | 18,0 | 18,0 |
| | ZWB | | | | | | |
| **3.4.1.6.10** | **Kehlen beischroten, einseitig** | m | 25,0 | 25,0 | 25,0 | 25,0 | 25,0 |
| | ZWB | | | | | | |
| 3.4.1.6.10.1 | Kehlen beischroten, zweiseitig | m | 50,0 | 50,0 | 50,0 | 50,0 | 50,0 |
| | ZWB | | | | | | |
| 3.4.1.6.11 | Grateindeckung beischroten, zweiseitig | m | 45,0 | 45,0 | 45,0 | 45,0 | 45,0 |
| | ZWB | | | | | | |

➡ *Neueindeckung/Sanierung (Verwendung neuer Werkstoffe) (3.4)*

| 3 | Dachziegel und Dachsteine | | Zeitwerte in Minuten | | | | |
|---|---|---|---|---|---|---|---|
| **Nr.** | **Kurztext-Ausführung** | **Einheit** | **Einfamilien- bis Mehrfamilienhaus** | **Wohnblöcke, Verwaltungsgebäude** | **Villen** | **Garagen, sonstige Kleinflächen** | **Türme** |
| 3.4.1.6.12 | Dunstrohr- oder Antennenformbiber einsetzen, ohne Ausschneiden der Schalung, ohne Anschlüsse an Vordeckung, Unterspannbahn, Unterdach u.a. | Stück | 20,0 | 20,0 | 20,0 | 20,0 | 20,0 |
| | ZWB | | | | | | |
| 3.4.1.6.13 | First in Mörtel, 3 Stück/m, verlegen | m | 30,0 | 30,0 | 30,0 | 30,0 | – |
| | ZWB | | | | | | |
| 3.4.1.6.14 | First trocken ohne Unterkonstruktion, 3 Stück/m, verlegen | m | 25,0 | 25,0 | 25,0 | 25,0 | – |
| | ZWB | | | | | | |
| 3.4.1.6.15 | Grat in Mörtel, ohne beischroten, verlegen | m | 40,0 | 40,0 | 40,0 | 40,0 | 60,0 |
| | ZWB | | | | | | |
| 3.4.1.6.16 | Grat, trocken ohne Unterkonstruktion, verlegen | m | 30,0 | 30,0 | 30,0 | 30,0 | 60,0 |
| | ZWB | | | | | | |
| 3.4.1.6.17 | Kunststoff-Lüfterkappen, 1,2 Stück/m, ohne Unterkonstruktion einbauen | m | 2,5 | 2,5 | 2,5 | 2,5 | 3,0 |
| | ZWB | | | | | | |
| 3.4.1.6.18 | Brand-Trennmauern mit Trennung der Dachlattung und Metallstäben genagelt, in Mörtelbett verlegen | m | 25,0 | 25,0 | 25,0 | 25,0 | – |
| | ZWB | | | | | | |
| 3.4.1.6.19 | Glasbiber eindecken | Stück | 6,0 | 6,0 | 6,0 | 6,0 | 10,0 |
| | ZWB | | | | | | |
| 3.4.1.6.20 | Lüfterbiber eindecken | Stück | 12,0 | 12,0 | 12,0 | 12,0 | 15,0 |
| | ZWB | | | | | | |

| 3 | Dachziegel und Dachsteine | | Zeitwerte in Minuten | | | | |
|---|---|---|---|---|---|---|---|
| **Nr.** | **Kurztext-Ausführung** | **Einheit** | **Einfamilien- bis Mehrfamilien-haus** | **Wohnblöcke, Verwaltungs-gebäude** | **Villen** | **Garagen, sonstige Kleinflächen** | **Türme** |
| 3.4.1.6.21 | Horizontalzuschnitte, 5,5 Stück/m, herstellen | m | 20,0 | 20,0 | 20,0 | 20,0 | 25,0 |
| | ZWB | | | | | | |
| 3.4.1.6.22 | Horizontalzuschnitte, 6,2 Stück/m, herstellen | m | 22,5 | 22,5 | 22,5 | 22,5 | 30,0 |
| | ZWB | | | | | | |
| 3.4.1.6.23 | Standrostplatte-Biber mit Unterstützungsplatte einbauen | Stück | 25,0 | 25,0 | 25,0 | 25,0 | – |
| | ZWB | | | | | | |
| 3.4.1.6.24 | Standrost bis 1,00 m Länge einbauen | Stück | 15,0 | 15,0 | 15,0 | 15,0 | – |
| | ZWB | | | | | | |
| 3.4.1.6.25 | Kehldeckungen als deutsch eingebundene Kehlen, 2 Ziegel breit, herstellen (Zuschlag zur Fläche, einschl. Kehlbrett bis 28 cm und Vordeckung, Breite 50 cm) | m | 180,0 | 180,0 | 180,0 | 180,0 | 180,0 |
| | ZWB | | | | | | |
| **3.4.2** | **Dachziegel, verfalzt** | | | | | | |
| 3.4.2.1 | Dachziegel, verfalzt, bis 15 Stück/m² verlegen | m² | 18,0 | 16,0 | 24,0 | 18,0 | 40,0 |
| | ZWB | | | | | | |
| 3.4.2.2 | Dachziegel bis 15 Stück/m², jeden Dachziegel klammern mit Seitenfalzklammer | m² | 4,7 | 4,3 | 5,0 | 5,5 | 7,5 |
| | ZWB | | | | | | |
| 3.4.2.3 | **Dachziegeldeckung, Ton** Traufziegel, 5 Stück/m, verlegen | m | 4,0 | 4,0 | 4,0 | 4,0 | 6,0 |
| | ZWB | | | | | | |

| 3 | Dachziegel und Dachsteine | | Zeitwerte in Minuten | | | | |
|---|---|---|---|---|---|---|---|
| **Nr.** | **Kurztext-Ausführung** | **Einheit** | **Einfamilien- bis Mehrfamilien-haus** | **Wohnblöcke, Verwaltungs-gebäude** | **Villen** | **Garagen, sonstige Kleinflächen** | **Türme** |
| 3.4.2.4 | Ortgangziegel, einteilig, 3 Stück/m, verlegen | m | 8,0 | 8,0 | 8,0 | 8,0 | 10,0 |
| | ZWB | | | | | | |
| 3.4.2.5 | Ortgangziegel, zweiteilig, 3 Stück/m, verlegen | m | 15,0 | 15,0 | 15,0 | 15,0 | – |
| | ZWB | | | | | | |
| 3.4.2.6 | Ortgangdeckung auf vorhandene Zahnleisten verlegen | m | 8,0 | 8,0 | 8,0 | 8,0 | 10,0 |
| | ZWB | | | | | | |
| 3.4.2.7 | Ortgangdeckung auf vorhandene Seitenkehlen verlegen | m | 8,0 | 8,0 | 8,0 | 8,0 | 10,0 |
| | ZWB | | | | | | |
| 3.4.2.8 | Anarbeiten der Ziegeldeckung an Schichtstücken (Nocken) | m | 20,0 | 20,0 | 20,0 | 20,0 | 30,0 |
| | ZWB | | | | | | |
| 3.4.2.9 | Seitenkehlanschlüsse herstellen | m | 15,0 | 15,0 | 15,0 | 15,0 | 15,0 |
| | ZWB | | | | | | |
| **3.4.2.10** | **Kehlanschlüsse, einseitig beischroten** | m | 15,0 | 15,0 | 15,0 | 15,0 | 20,0 |
| | ZWB | | | | | | |
| 3.4.2.10.1 | Kehlanschlüsse, zweiseitig beischroten | m | 30,0 | 30,0 | 30,0 | 30,0 | 40,0 |
| | ZWB | | | | | | |
| 3.4.2.11 | Grateindeckung, zweiseitig beischroten | m | 25,0 | 25,0 | 25,0 | 25,0 | 40,0 |
| | ZWB | | | | | | |
| 3.4.2.12 | Dunstrohr- oder Antennenformpfanne einsetzen ohne Ausschneiden der Schalung, ohne Anschlüsse an Vordeckung, Unterspannbahn, Unterdach u.a. | Stück | 15,0 | 15,0 | 15,0 | 15,0 | 15,0 |
| | ZWB | | | | | | |

| 3 | Dachziegel und Dachsteine | | Zeitwerte in Minuten | | | | |
|---|---|---|---|---|---|---|---|
| Nr. | Kurztext-Ausführung | Einheit | Einfamilien- bis Mehrfamilien-haus | Wohnblöcke, Verwaltungs-gebäude | Villen | Garagen, sonstige Kleinflächen | Türme |
| 3.4.2.13 | First in Mörtel, 3 Stück/m, verlegen | m | 35,0 | 35,0 | 35,0 | 35,0 | – |
| | ZWB | | | | | | |
| 3.4.2.14 | Firstanschlussziegel, zweiseitig, 10 Stück/m, verlegen | m | 12,0 | 12,0 | 12,0 | 12,0 | – |
| | ZWB | | | | | | |
| 3.4.2.15 | First trocken, ohne Unterkonstruktion, 3 Stück/m, verlegen | m | 25,0 | 25,0 | 25,0 | 25,0 | – |
| | ZWB | | | | | | |
| 3.4.2.16 | Grat in Mörtel, ohne beischroten, verlegen | m | 50,0 | 50,0 | 50,0 | 50,0 | 80,0 |
| | ZWB | | | | | | |
| 3.4.2.17 | Grat trocken, ohne Unterkonstruktion, verlegen | m | 30,0 | 30,0 | 30,0 | 30,0 | 60,0 |
| | ZWB | | | | | | |
| 3.4.2.18 | Kunststofflüfterkappen, 1,2 Stück/m, ohne Unterkonstruktion, einbauen | m | 2,5 | 2,5 | 2,5 | 2,5 | 3,0 |
| | ZWB | | | | | | |
| 3.4.2.19 | Brand-Trennmauern mit Trennung der Dachlattung und Metallstäben genagelt, in Mörtelbett verlegen | m | 25,0 | 25,0 | 25,0 | 25,0 | – |
| | ZWB | | | | | | |
| 3.4.2.20 | Glaspfannen verlegen | Stück | 4,0 | 4,0 | 4,0 | 4,0 | 4,0 |
| | ZWB | | | | | | |
| 3.4.2.21 | Lüfterziegel verlegen | Stück | 4,0 | 4,0 | 4,0 | 4,0 | 8,0 |
| | ZWB | | | | | | |
| 3.4.2.22 | Horizontalschnitte, 5 Stück/m, verlegen | m | 16,0 | 16,0 | 16,0 | 16,0 | 20,0 |
| | ZWB | | | | | | |

| 3 | Dachziegel und Dachsteine | | Zeitwerte in Minuten | | | | |
|---|---|---|---|---|---|---|---|
| Nr. | Kurztext-Ausführung | Einheit | Einfamilien- bis Mehrfamilien-haus | Wohnblöcke, Verwaltungs-gebäude | Villen | Garagen, sonstige Kleinflächen | Türme |
| 3.4.3.3.1 | **Dachziegeldeckung, Ton**<br>Traufziegel, 5 Stück/m, verlegen | m | 4,0 | 4,0 | 4,0 | 4,0 | 6,0 |
| | ZWB | | | | | | |
| 3.4.3.3.2 | Ortgangziegel, einteilig, 3 Stück/m, verlegen | m | 8,0 | 8,0 | 8,0 | 8,0 | 10,0 |
| | ZWB | | | | | | |
| 3.4.3.3.3 | Ortgangziegel, zweiteilig, 3 Stück/m, verlegen | m | 15,0 | 15,0 | 15,0 | 15,0 | – |
| | ZWB | | | | | | |
| 3.4.3.3.4 | Ortgangdeckung auf vorhandene Zahnleisten verlegen | m | 8,0 | 8,0 | 8,0 | 8,0 | 10,0 |
| | ZWB | | | | | | |
| 3.4.3.3.5 | Ortgangdeckung auf vorhandene Zahnleisten verlegen | m | 8,0 | 8,0 | 8,0 | 8,0 | 10,0 |
| | ZWB | | | | | | |
| 3.4.3.3.6 | Anarbeiten der Ziegeldeckung an Schichtstücken (Nocken) | m | 20,0 | 20,0 | 20,0 | 20,0 | 30,0 |
| | ZWB | | | | | | |
| 3.4.3.3.7 | Seitenkohlanschlüsse herstellen | m | 15,0 | 15,0 | 15,0 | 15,0 | 20,0 |
| | ZWB | | | | | | |
| **3.4.3.3.8** | **Kehlenanschlüsse, einseitig beischroten** | m | 15,0 | 15,0 | 15,0 | 15,0 | 20,0 |
| | ZWB | | | | | | |
| 3.4.3.3.8.1 | Kehlenanschlüsse, zweiseitig beischroten | m | 30,0 | 30,0 | 30,0 | 30,0 | 40,0 |
| | ZWB | | | | | | |
| 3.4.3.3.9 | Grateindeckung, zweiseitig beischroten | m | 25,0 | 25,0 | 25,0 | 25,0 | 40,0 |
| | ZWB | | | | | | |

| 3 | Dachziegel und Dachsteine | | Zeitwerte in Minuten | | | | |
|---|---|---|---|---|---|---|---|
| Nr. | Kurztext-Ausführung | Einheit | Einfamilien- bis Mehrfamilien-haus | Wohnblöcke, Verwaltungs-gebäude | Villen | Garagen, sonstige Kleinflächen | Türme |
| 3.4.3.3.10 | Dunstrohr- oder Antennenformpfanne einsetzen ohne Ausschneiden der Schalung, ohne Anschlüsse an Vordeckung, Unterspannbahn, Unterdach u.a. | Stück | 15,0 | 15,0 | 15,0 | 15,0 | 15,0 |
| | ZWB | | | | | | |
| 3.4.3.3.11 | First in Mörtel, 3 Stück/m, verlegen | m | 35,0 | 35,0 | 35,0 | 35,0 | – |
| | ZWB | | | | | | |
| 3.4.3.3.12 | Firstanschlussziegel, zweiseitig, 10 Stück/m, verlegen | m | 12,0 | 12,0 | 12,0 | 12,0 | – |
| | ZWB | | | | | | |
| 3.4.3.3.13 | First trocken, ohne Unterkonstruktion, 3 Stück/m, verlegen | m | 25,0 | 25,0 | 25,0 | 25,0 | – |
| | ZWB | | | | | | |
| 3.4.3.3.14 | Grat in Mörtel, ohne beischroten, verlegen | m | 50,0 | 50,0 | 50,0 | 50,0 | 80,0 |
| | ZWB | | | | | | |
| 3.4.3.3.15 | Grat trocken, ohne Unterkonstruktion, verlegen | m | 30,0 | 30,0 | 30,0 | 30,0 | 60,0 |
| | ZWB | | | | | | |
| 3.4.3.3.16 | Kunststofflüfterkappen, 1,2 Stück/m, ohne Unterkonstruktion, einbauen | m | 2,5 | 2,5 | 2,5 | 2,5 | 3,0 |
| | ZWB | | | | | | |
| 3.4.3.3.17 | Brand-Trennmauern mit Trennung der Dachlattung und Metallstäben genagelt, in Mörtelbett verlegen | m | 25,0 | 25,0 | 25,0 | 25,0 | – |
| | ZWB | | | | | | |
| 3.4.3.3.18 | Glaspfannen verlegen | Stück | 4,0 | 4,0 | 4,0 | 4,0 | 4,0 |
| | ZWB | | | | | | |

| 3 | Dachziegel und Dachsteine | | Zeitwerte in Minuten | | | | |
|---|---|---|---|---|---|---|---|
| Nr. | Kurztext-Ausführung | Einheit | Einfamilien- bis Mehrfamilienhaus | Wohnblöcke, Verwaltungsgebäude | Villen | Garagen, sonstige Kleinflächen | Türme |
| 3.4.3.3.19 | Lüfterziegel verlegen | Stück | 4,0 | 4,0 | 4,0 | 4,0 | 8,0 |
| | ZWB | | | | | | |
| 3.4.3.3.20 | Horizontalschnitte, 5 Stück/m, verlegen | m | 16,0 | 16,0 | 16,0 | 16,0 | 20,0 |
| | ZWB | | | | | | |
| 3.4.3.3.21 | Schneestoppziegel verlegen | Stück | 4,0 | 4,0 | 4,0 | 4,0 | – |
| | ZWB | | | | | | |
| 3.4.3.3.22 | Standrostpfanne mit Unterstützungsplatte einbauen | Stück | 25,0 | 25,0 | 25,0 | 25,0 | – |
| | ZWB | | | | | | |
| 3.4.3.3.23 | Standroste bis 1,00 m Länge einbauen | Stück | 15,0 | 15,0 | 15,0 | 15,0 | – |
| | ZWB | | | | | | |
| **3.4.4** | **Dachsteine** | | | | | | |
| 3.4.4.1 | Dachsteine, konturiert, bis 10,5 Stück/m², verlegen | m² | 12,7 | 12,0 | 17,0 | 13,0 | 30,0 |
| | ZWB | | | | | | |
| 3.4.4.2 | Dachsteine, konturiert, bis 10,5 Stück/m², jeden Dachstein klammern mit Seitenfalzklammer | m² | 3,0 | 2,5 | 3,5 | 3,5 | 5,0 |
| | ZWB | | | | | | |
| 3.4.4.3 | **Dachsteindeckung, Betondachstein** Traufsteine, 3,4 Stück/m, verlegen | m | 5,6 | 5,6 | 5,6 | 3,5 | 6,0 |
| | ZWB | | | | | | |
| 3.4.4.4 | Ortgangsteine, 3 Stück/m, verlegen | m | 8,0 | 7,0 | 9,0 | 8,0 | 12,0 |
| | ZWB | | | | | | |

| 3 | Dachziegel und Dachsteine | | Zeitwerte in Minuten | | | | |
|---|---|---|---|---|---|---|---|
| Nr. | Kurztext-Ausführung | Einheit | Einfamilien- bis Mehrfamilien-haus | Wohnblöcke, Verwaltungs-gebäude | Villen | Garagen, sonstige Kleinflächen | Türme |
| 3.4.4.5 | Ortgangdeckung auf vorhandene Zahnleisten verlagen (Doppelkremper) | m | 7,0 | 6,0 | 8,0 | 7,0 | 11,0 |
| | ZWB | | | | | | |
| 3.4.4.6 | Ortgangdeckung auf parallel verlaufender Metallkehle verlegen | m | 9,0 | 8,0 | 10,0 | 9,0 | 15,0 |
| | ZWB | | | | | | |
| 3.4.4.7 | Pultstein 3,3 Stück/m, verlegen | m | 6,0 | 5,0 | 6,0 | 7,0 | – |
| | ZWB | | | | | | |
| 3.4.4.8 | Anschlüsse mit Nocken (Schichtstücke/Wandanschluss) herstellen | m | 20,0 | 18,0 | 22,0 | 20,0 | 30,0 |
| | ZWB | | | | | | |
| 3.4.4.9 | Kehle einseitig beischroten | m | 30,0 | 25,0 | 35,0 | 30,0 | 45,0 |
| | ZWB | | | | | | |
| 3.4.4.10 | Kehle beidseitig beischroten | m | 60,0 | 60,0 | 70,0 | 60,0 | 90,0 |
| | ZWB | | | | | | |
| 3.4.4.11 | Grat beidseitig beischroten, ohne Gratstein | m | 50,0 | 50,0 | 60,0 | 50,0 | 75,0 |
| | ZWB | | | | | | |
| 3.4.4.12 | Lüftergrat trocken verlegen<br>– Traglattenhalter<br>– Trockenfirstelement<br>– Firststein geklammert, geschraubt | m | 40,0 | 40,0 | 45,0 | 45,0 | 70,0 |
| | ZWB | | | | | | |

| 3 | Dachziegel und Dachsteine | | Zeitwerte in Minuten | | | | |
|---|---|---|---|---|---|---|---|
| **Nr.** | **Kurztext-Ausführung** | **Einheit** | **Einfamilien- bis Mehrfamilienhaus** | **Wohnblöcke, Verwaltungsgebäude** | **Villen** | **Garagen, sonstige Kleinflächen** | **Türme** |
| 3.4.4.13 | Lüfterfirst trocken verlegen<br>– Traglattenhalter<br>– Trockenfirstelement<br>– Firststein geklammert, geschraubt | m | 35,0 | 35,0 | 40,0 | 40,0 | 60,0 |
| | ZWB | | | | | | |
| 3.4.4.14 | Grat komplett herstellen | m | 70,0 | 70,0 | 85,0 | 85,0 | 145,0 |
| | ZWB | | | | | | |
| 3.4.4.15 | Dunstrohrpfanne einsetzen, einschl. Flexanschluss, Windsperre anschließen | Stück | 45,0 | 45,0 | 45,0 | 45,0 | – |
| | ZWB | | | | | | |
| 3.4.4.16 | Brand-Trennmauern mit Trennung der Dachlattung und Metallstäben genagelt, im Mörtelbett verlegen | m | 25,0 | 25,0 | 30,0 | 30,0 | – |
| | ZWB | | | | | | |
| 3.4.4.17 | Anarbeiten der Dacheindeckung an aufgehende Bauteile | m | 8,0 | 8,0 | 10,0 | 10,0 | – |
| | ZWB | | | | | | |
| 3.4.4.18 | Lichtpfannen verlegen | Stück | 3,0 | 3,0 | 3,0 | 3,0 | 5,0 |
| | ZWB | | | | | | |
| 3.4.4.19 | Lüftersteine verlegen | Stück | 4,0 | 4,0 | 4,0 | 4,0 | 6,0 |
| | ZWB | | | | | | |
| 3.4.4.20 | Schneestoppsteine verlegen | Stück | 4,0 | 4,0 | 4,0 | 4,0 | 6,0 |
| | ZWB | | | | | | |
| 3.4.4.21 | Standroststeine mit Unterstützungsplatte einbauen | Stück | 12,0 | 12,0 | 15,0 | 12,0 | 20,0 |
| | ZWB | | | | | | |

| 3 | Dachziegel und Dachsteine | | Zeitwerte in Minuten | | | | |
|---|---|---|---|---|---|---|---|
| **Nr.** | **Kurztext-Ausführung** | **Einheit** | **Einfamilien- bis Mehrfamilien-haus** | **Wohnblöcke, Verwaltungs-gebäude** | **Villen** | **Garagen, sonstige Kleinflächen** | **Türme** |
| 3.4.4.22 | Standroste bis 1,00 m Länge einbauen | Stück | 15,0 | 15,0 | 20,0 | 15,0 | 30,0 |
| | ZWB | | | | | | |
| **3.5** | **Dacheinbauten** | | | | | | |
| **3.5.1** | **Schneefanggitter ohne Trägerlatten einbauen** | | | | | | |
| 3.5.1.1 | Biberschwanzdoppeldeckung, Stützenabstand bis 75 cm | m | 25,0 | 25,0 | 25,0 | 25,0 | 35,0 |
| | ZWB | | | | | | |
| 3.5.1.2 | Ziegel-Pfannendeckung, Stützenabstand bis 75 cm | m | 20,0 | 20,0 | 20,0 | 20,0 | 30,0 |
| | ZWB | | | | | | |
| 3.5.1.3 | Dachsteindeckung, Stützenabstand bis 100 cm | m | 20,0 | 20,0 | 20,0 | 20,0 | 30,0 |
| | ZWB | | | | | | |
| 3.5.1.4 | Trägerlatte einziehen | m | 6,0 | 6,0 | 8,0 | 8,0 | 15,0 |
| | ZWB | | | | | | |
| **3.5.2** | **Sicherheitsdachhaken** | | | | | | |
| 3.5.2.1 | Biberschwanzdoppeldeckung mit Bohle einbauen | Stück | 40,0 | 40,0 | 40,0 | 40,0 | 60,0 |
| | ZWB | | | | | | |
| 3.5.2.2 | Ziegel-Pfannendeckung | Stück | 30,0 | 30,0 | 30,0 | 30,0 | 50,0 |
| | ZWB | | | | | | |
| 3.5.2.3 | Dachsteindeckung, mit Bohlen | Stück | 30,0 | 30,0 | 30,0 | 30,0 | 50,0 |
| | ZWB | | | | | | |
| 3.5.2.4 | Sonderausführungen, z.B. Dachdeckungen über Wärmedämmelemente, müssen gesondert kalkuliert werden. | | | | | | |

➡ *Neueindeckung/Sanierung (Verwendung neuer Werkstoffe) (3.4)*
➡ *Dacheinbauten (3.5)*

| 3 | Dachziegel und Dachsteine | | Zeitwerte in Minuten | | | | |
|---|---|---|---|---|---|---|---|
| Nr. | Kurztext-Ausführung | Einheit | Einfamilien- bis Mehrfamilien-haus | Wohnblöcke, Verwaltungs-gebäude | Villen | Garagen, sonstige Kleinflächen | Türme |
| **3.5.3** | **Dachfenster bis 40/60 cm einbauen und eindecken** | | | | | | |
| 3.5.3.1 | Biberdoppeldeckung 40/60 cm | Stück | 55,0 | 55,0 | 55,0 | 55,0 | 70,0 |
| | ZWB | | | | | | |
| 3.5.3.2 | Ziegel-Pfannendeckung 4-pfannig | Stück | 30,0 | 30,0 | 30,0 | 30,0 | 50,0 |
| | ZWB | | | | | | |
| 3.5.3.3 | Ziegel-Pfannendeckung 6-pfannig | Stück | 40,0 | 40,0 | 40,0 | 40,0 | 60,0 |
| | ZWB | | | | | | |
| 3.5.3.4 | Ziegel-Pfannendeckung 9-pfannig | Stück | 50,0 | 50,0 | 50,0 | 50,0 | 70,0 |
| | ZWB | | | | | | |
| 3.5.3.5 | Dachsteindeckung 4-pfannig | Stück | 30,0 | 30,0 | 30,0 | 30,0 | 50,0 |
| | ZWB | | | | | | |
| 3.5.3.6 | Dachsteindeckung 6-pfannig | Stück | 40,0 | 40,0 | 40,0 | 40,0 | 60,0 |
| | ZWB | | | | | | |
| **3.5.4** | **Wohnraumdachflächenfenster verschiedener Größe einbauen und eindecken unter Verwendung von fertigen Eindeckrahmen (alle Deckungsarten)** | | | | | | |
| **3.5.4.1** | **Ohne Auswechslung** | | | | | | |
| 3.5.4.1.1 | Fenstergröße 55/98 cm einbauen | Stück | 200,0 | 200,0 | 205,0 | 200,0 | 220,0 |
| | ZWB | | | | | | |
| 3.5.4.1.2 | Fenstergröße 64/98 cm einbauen | Stück | 210,0 | 210,0 | 215,0 | 215,0 | 230,0 |
| | ZWB | | | | | | |

| 3 | Dachziegel und Dachsteine | | Zeitwerte in Minuten | | | | |
|---|---|---|---|---|---|---|---|
| Nr. | Kurztext-Ausführung | Einheit | Einfamilien- bis Mehrfamilien-haus | Wohnblöcke, Verwaltungs-gebäude | Villen | Garagen, sonstige Kleinflächen | Türme |
| 3.5.4.1.3 | Fenstergröße 78/118 cm einbauen | Stück | 240,0 | 240,0 | 245,0 | 245,0 | |
| | ZWB | | | | | | |
| 3.5.4.1.4 | Fenstergröße 94/118 cm einbauen | Stück | 260,0 | 260,0 | 265,0 | 265,0 | – |
| | ZWB | | | | | | |
| 3.5.4.1.5 | Fenstergröße 114/118 cm einbauen | Stück | 280,0 | 280,0 | 285,0 | 285,0 | – |
| | ZWB | | | | | | |
| 3.5.4.1.6 | Fenstergröße 134/140 cm einbauen | Stück | 320,0 | 320,0 | 325,0 | 325,0 | – |
| | ZWB | | | | | | |
| 3.5.4.1.7 | Fenstergröße 134/160 cm einbauen | Stück | 340,0 | 340,0 | 345,0 | 345,0 | – |
| | ZWB | | | | | | |
| **3.5.4.2** | **Auswechslungen an Sparren** | | | | | | |
| 3.5.4.2.1 | über 1 Sparrenfeld einbauen | Stück | 125,0 | 125,0 | 130,0 | 130,0 | – |
| | ZWB | | | | | | |
| 3.5.4.2.2 | über 2 Sparrenfelder plus 2 Verstärkungssparren, plus 2 Stiche einbauen | Stück | 250,0 | 250,0 | 260,0 | 260,0 | – |
| | ZWB | | | | | | |
| **3.6** | **Wärmedämmungen** | | | | | | |
| 3.6.1 | Glasfaserdämmfilze mit Randleisten zwischen den Sparren **von außen** verlegen, Sparrenbreite von ca. 60 cm angenommen | $m^2$ | 10,0 | 8,0 | 12,0 | 10,0 | 20,0 |
| | ZWB | | | | | | |

➡ *Dacheinbauten (3.5)*
➡ *Wärmedämmung (3.6)*

| 3 | Dachziegel und Dachsteine | | Zeitwerte in Minuten | | | | |
|---|---|---|---|---|---|---|---|
| **Nr.** | **Kurztext-Ausführung** | **Einheit** | **Einfamilien- bis Mehrfamilien-haus** | **Wohnblöcke, Verwaltungs-gebäude** | **Villen** | **Garagen, sonstige Kleinflächen** | **Türme** |
| 3.6.2 | Glasfaserdämmfilze mit Randleisten zwischen den Sparren **von innen** verlegen, Sparrenbreite von ca. 60 cm angenommen | m² | 12,0 | 10,0 | 14,0 | 12,0 | 25,0 |
| | ZWB | | | | | | |
| | *Zeitwerte für Glasfaserdämmfilz-Zuschnitt bei von den Lieferbreitenmaßen abweichenden Sparrenweiten sind gesondert zu kalkulieren.* | | | | | | |
| 3.6.3 | Sparren-Auflege-Dämmsysteme aus Hartschaum als Plattenware verlegen bis 1,00 m² Plattengröße, ohne Konterbretter, ohne Traufbalken, ohne zusätzl. windsperrende Maßnahmen an Giebeln, Traufen und First. Zuschnitte an Kehlen u.a. sind gesondert zu kalkulieren. | m² | 22,0 | 18,0 | 35,0 | 26,0 | – |
| | ZWB | | | | | | |
| | *Zeitwerte für Verlegen von Auflegesystemen in herstellerspezifischen Konstruktionsarten, z.B. mit in den Dämmplatten integrierten Trägerleisten für die Dachdeckung, sind gesondert zu kalkulieren.* | | | | | | |
| **3.7** | **Dampfsperre/Dampfbremse** | | | | | | |
| 3.7.1 | Dampfsperre/ Dampfbremse sparrenunterseitig verlegen | m² | 5 | 4 | 7 | 6 | 10 |
| | ZWB | | | | | | |
| 3.7.2 | Feuchtevariable Dampfbremse schlaufenförmig über den Sparren verlegen | m² | 11 | 10 | 14 | 12 | 16 |
| | ZWB | | | | | | |

➡ *Wärmedämmung (3.6)*
➡ *Dampfsperre/Dampfbremse (3.7)*

# 4 Schiefer

| 4 | Schiefer | | Zeitwerte in Minuten | | | |
|---|---|---|---|---|---|---|
| **Nr.** | **Kurztext-Ausführung** | **Einheit** | **Einfamilien- bis Mehrfamilienhaus** | **Wohnblöcke, Verwaltungs-gebäude** | **Villen** | **Türme** |
| **4.1** | **Vorbereitende Arbeiten** | | | | | |
| 4.1.1 | Dachflächen abnehmen, Schutt in Container lagern | m² | 25,0 | 30,0 | 35,0 | 40,0 |
| | ZWB | | | | | |
| 4.1.2 | Schalung reinigen, nachnageln | m² | 10,0 | 10,0 | 14,0 | 15,0 |
| | ZWB | | | | | |
| 4.1.3 | 1 Lage Bitumendachbahn aufbringen | m² | 8,0 | 10,0 | 12,0 | 15,0 |
| | ZWB | | | | | |
| **4.2** | **Neueindeckungen** | | | | | |
| **4.2.1** | **Altdeutsche Deckung eindecken** | | | | | |
| | *Scharfer Hieb: Zuschlag von 10 bis 15 % auf die Werte für normalen Hieb. Vorgenannte Zeitwerte gelten bei Anwendung der Mindestüberdeckungen, bei Erhöhung der Überdeckung sind die Zeitwerte ebenfalls anteilig zu erhöhen.* | | | | | |
| 4.2.1.1 | Doppeldeckung 1/1 und 1/2 | m² | 120,0 | 130,0 | – | – |
| | ZWB | | | | | |
| 4.2.1.2 | Einfachdeckung 1/4 u.1/8, normaler Hieb, eindecken | m² | 60,0 | 65,0 | 70,0 | – |
| | ZWB | | | | | |
| 4.2.1.3 | Einfachdeckung 1/12 u. 1/6, normaler Hieb, eindecken | m² | 70,0 | 75,0 | 80,0 | 110,0 |
| | ZWB | | | | | |
| 4.2.1.4 | Einfachdeckung 1/32 u. 1/64, normaler Hieb, eindecken | m² | 115,0 | 120,0 | 125,0 | 160,0 |
| | ZWB | | | | | |

➡ *Vorbereitende Arbeiten (4.1)*
➡ *Neueindeckungen (4.2)*

| 4 | Schiefer | | Zeitwerte in Minuten | | | |
|---|---|---|---|---|---|---|
| Nr. | Kurztext-Ausführung | Einheit | Einfamilien- bis Mehrfamilienhaus | Wohnblöcke, Verwaltungs-gebäude | Villen | Türme |
| **4.2.2** | **Schuppendeckung** | | | | | |
| 4.2.2.1 | Schuppenmaß 32/28 cm gelocht, eindecken | m² | 70,0 | 75,0 | 80,0 | – |
| | ZWB | | | | | |
| 4.2.2.2 | Schuppenmaß 24/21 cm gelocht, eindecken | m² | 90,0 | 95,0 | 100,0 | 120,0 |
| | ZWB | | | | | |
| **4.2.3** | **Deutsche Deckung mit Bogenschnitt** | | | | | |
| 4.2.3.1 | Schiefergröße 30/30 cm gelocht, eindecken | m² | 40,0 | 45,0 | 50,0 | – |
| | ZWB | | | | | |
| 4.2.3.2 | Schiefergröße 25/25 cm gelocht, eindecken | m² | 45,0 | 50,0 | 55,0 | 70,0 |
| | ZWB | | | | | |
| **4.2.4** | **Rechteckdoppeldeckung** | | | | | |
| 4.2.4.1 | Schiefergröße 60/30 cm, Klammer, Nagelbefestigung, eindecken | m² | 50,0 | 55,0 | 60,0 | – |
| | ZWB | | | | | |
| 4.2.4.2 | Schiefergröße 40/25 cm , Nagelbefestigung, eindecken | m² | 55,0 | 60,0 | 65,0 | – |
| | ZWB | | | | | |
| 4.2.4.3 | Schiefergröße 40/20 cm , Nagelbefestigung, eindecken | m² | 70,0 | 75,0 | 80,0 | 125,0 |
| | ZWB | | | | | |
| 4.2.4.4 | Schiefergröße 35/20 cm , Nagelbefestigung, eindecken | m² | 75,0 | 80,0 | 85,0 | 130,0 |
| | ZWB | | | | | |
| 4.2.4.5 | Schiefergröße 30/20 cm Nagelbefestigung, eindecken | m² | 85,0 | 90,0 | 95,0 | 135,0 |
| | ZWB | | | | | |

| 4 | Schiefer | | Zeitwerte in Minuten | | | |
|---|---|---|---|---|---|---|
| **Nr.** | **Kurztext-Ausführung** | **Einheit** | **Einfamilien- bis Mehrfamilienhaus** | **Wohnblöcke, Verwaltungsgebäude** | **Villen** | **Türme** |
| 4.2.4.6 | Schiefergröße 50/25 cm, Klammerbefestigung, eindecken | m² | 45,0 | 50,0 | 55,0 | – |
| | ZWB | | | | | |
| 4.2.4.7 | Schiefergröße 40/25 cm ungelocht, Klammerbefestigung, eindecken | m² | 50,0 | 55,0 | 60,0 | 100,0 |
| | ZWB | | | | | |
| 4.2.4.8 | Schiefergröße 40/20 cm ungelocht, Klammerbefestigung, eindecken | m² | 55,0 | 60,0 | 65,0 | 110,0 |
| | ZWB | | | | | |
| 4.2.4.9 | Schiefergröße 35/20 cm, Klammerbefestigung, eindecken | m² | 60,0 | 65,0 | 70,0 | 120,0 |
| | ZWB | | | | | |
| 4.2.4.10 | Schiefergröße 30/20 cm, Klammerbefestigung, eindecken | m² | 65,0 | 70,0 | 75,0 | 125,0 |
| | ZWB | | | | | |
| **4.2.5** | **Diverse Schablonendeckungen** | | | | | |
| **4.2.5.1** | **Spitzwinkeldeckung** | | | | | |
| 4.2.5.1.1 | Schiefergröße 38/25 cm, Nagelbefestigung, eindecken | m² | 80,0 | 90,0 | 100,0 | – |
| | ZWB | | | | | |
| 4.2.5.1.2 | Schiefergröße 30/20 cm, Nagelbefestigung, eindecken | m² | 90,0 | – | – | 130,0 |
| | ZWB | | | | | |
| 4.2.6 | Klein- und Turmflächen | *Für Kleinflächen, kleinere Türme, außergewöhnlich hohe Türme, Wälmchen, Spiegel, Pfosten, Lisenen etc. muss ein Zeitaufschlag (auf die Spalte „Türme“) von 50% bis 100 % erfolgen.* | | | | |

| 4 | Schiefer | | Zeitwerte in Minuten |
|---|---|---|---|
| **Nr.** | **Kurztext-Ausführung** | **Einheit** | **alle Dachformen** |
| **4.3** | **Mehrzeiten für Detaildeckungen** | | |
| **4.3.1** | **Fußdeckung** | | |
| 4.3.1.1 | Altdeutsche Deckung eindecken | m | 20,0 – 25,0 |
| | ZWB | | |
| 4.3.1.2 | Schuppendeckung eindecken | m | 20,0 – 25,0 |
| | ZWB | | |
| 4.3.1.3 | Deutsche Deckung mit Bogenschnitt eindecken | m | 20,0 – 25,0 |
| | ZWB | | |
| 4.3.1.4 | Rechteckdoppeldeckung eindecken | m | 15,0 |
| | ZWB | | |
| 4.3.1.5 | gezogene Rechteckdoppeldeckung eindecken | m | 10,0 |
| | ZWB | | |
| 4.3.1.6 | Diverse Schablonendeckungen eindecken | m | 15,0 – 20,0 |
| | ZWB | | |
| **4.3.2** | **Eingebundene Ortdeckung** | | |
| 4.3.2.1 | Altdeutsche Deckung, Steingröße 1/12, eindecken | m | 30,0 |
| | ZWB | | |
| 4.3.2.2 | Schuppendeckung, 32/28 cm, eindecken | m | 30,0 |
| | ZWB | | |
| 4.3.2.3 | Deutsche Deckung mit Bogenschnitt, 30/30 cm, eindecken | m | 30,0 |
| | ZWB | | |

| 4 | Schiefer | | Zeitwerte in Minuten |
|---|---|---|---|
| **Nr.** | **Kurztext-Ausführung** | **Einheit** | **alle Dachformen** |
| | *Vorgenannte Zeitwerte gelten nur für die jeweils angegebenen Schiefergrößen bei den einzelnen Deckungsarten. Bei veränderter Schiefergröße sind die Zeitwerte entsprechend anzupassen.* | | |
| 4.3.2.4 | Rechteckschablonendeckung eindecken | m | 15,0 |
| | ZWB | | |
| **4.3.3** | **Strackort- oder aufgelegte Ortdeckung** | | |
| 4.3.3.1 | Diverse Schablonendeckungen eindecken | m | 30,0 |
| | ZWB | | |
| **4.3.4** | **Eingebundene Gratdeckung** | | |
| 4.3.4.1 | Altdeutsche Deckung, Steingröße 1/12, eindecken | m | 60,0 |
| | ZWB | | |
| 4.3.4.2 | Schuppendeckung, 32/28 cm, eindecken | m | 60,0 |
| | ZWB | | |
| 4.3.4.3 | Deutsche Deckung mit Bogenschnitt, 30/30 cm, eindecken | m | 60,0 |
| | ZWB | | |
| 4.3.4.4 | Rechteckdoppeldeckung eindecken | m | 30,0 |
| | ZWB | | |
| 4.3.4.5 | Gratdeckung mit Strackort oder als aufgelegte Ortdeckung eindecken | m | 60,0 |
| | ZWB | | |

| 4 | Schiefer | | Zeitwerte in Minuten |
|---|---|---|---|
| **Nr.** | **Kurztext-Ausführung** | **Einheit** | **alle Dachformen** |
| | *Vorgenannte Zeitwerte gelten nur für die jeweils angegebenen Schiefergrößen bei den einzelnen Deckungsarten. Bei veränderter Schiefergröße sind die Zeitwerte entsprechend anzupassen.* | | |
| **4.3.5** | **Firstdeckung eindecken** | | |
| 4.3.5.1 | alle Deckungsarten, zweiseitig | m | 50,0 – 60,0 |
| | ZWB | | |
| 4.3.5.2 | alle Deckungsarten, einseitig | m | 25,0 – 30,0 |
| | ZWB | | |
| | *Vorgenannte Zeitwerte für die eingebundenen Kehldeckungen beinhalten den Zeitaufwand für das Anbringen der Kehlschalung (Kehlbrett und Dreikantleisten). Sie gelten für die jeweils angegebenen Schiefergrößen bei den einzelnen Deckungsarten und sind bei veränderter Steingröße entsprechend anzupassen.* | | |
| 4.3.6 | **Eingebundene Hauptkehlen eindecken**<br>Altdeutsche Deckung, Steingröße 1/12<br>Schuppendeckung, 32/28 cm<br>Deutsche Deckung mit Bogenschnitt, 30/30 cm | m | 110,0 – 130,0 |
| | ZWB | | |
| **4.3.7** | **Eingebundene Wangenkehlen eindecken** | | |
| 4.3.7.1 | **eingehende Kehldeckung**<br>Altdeutsche Deckung, Steingröße 1/12<br>Schuppendeckung, 32/28 cm<br>Deutsche Deckung mit Bogenschnitt, 30/30 cm | m | 120,0 – 140,0 |
| | ZWB | | |

| 4 | Schiefer | | Zeitwerte in Minuten |
|---|---|---|---|
| Nr. | Kurztext-Ausführung | Einheit | alle Dachformen |
| 4.3.7.2 | **ausgehende Kehldeckung**<br>Altdeutsche Deckung<br>Steingröße 1/12<br>Schuppendeckung, 32/28 cm<br>Deutsche Deckung mit Bogenschnitt, 30/30 cm | m | 130,0 – 150,0 |
| | ZWB | | |
| **4.3.8** | **Eingebundene Wandkehlen eindecken** | | |
| 4.3.8.1 | **eingehende Kehldeckung**<br>Altdeutsche Deckung, Steingröße 1/12<br>Schuppendeckung, 32/28 cm<br>Deutsche Deckung mit Bogenschnitt, 30/30 cm | m | 50,0 – 70,0 |
| | ZWB | | |
| 4.3.8.2 | **ausgehende Kehldeckung**<br>Altdeutsche Deckung, Steingröße 1/12<br>Deutsche Schuppendeckung, 32/28 cm<br>Deutsche Deckung mit Bogenschnitt, 30/30 cm | m | 60,0 – 80,0 |
| | ZWB | | |
| 4.3.9 | **Beidecken von Metallkehlen**<br>(beidseitig, Hauptkehle)<br>alle Deckungsarten | m | 35,0 – 40,0 |
| | ZWB | | |
| 4.3.10 | **Beidecken von Metallkehlen**<br>(einseitig, Wandanschluss)<br>alle Deckungsarten | m | 20,0 – 25,0 |
| | ZWB | | |

➡ *Mehrzeiten für Detaildeckungen (4.3)*

| 4 | Schiefer | | Zeitwerte in Minuten |
|---|---|---|---|
| **Nr.** | **Kurztext-Ausführung** | **Einheit** | **alle Dachformen** |
| 4.3.11 | **Eindecken von Nockenkehlen**<br>(Hauptkehlen)<br>alle Deckungsarten | m | 40,0 – 50,0 |
| | ZWB | | |
| 4.3.12 | **Eindecken von Nockenanschlüssen**<br>(Wandschluss)<br>alle Deckungsarten | m | 30,0 – 40,0 |
| | ZWB | | |
| **4.4** | **Mehrzeiten für Details** | | |
| 4.4.1 | Sicherheitsdachhaken auf Schalung mit Metallunterlage einbauen, alle Deckungsarten | Stück | 10,0 – 15,0 |
| | ZWB | | |
| 4.4.2 | Sanitärentlüfter (Kunststoff oder Metall) einbauen und eindecken, alle Deckungsarten | Stück | 25,0 – 35,0 |
| | ZWB | | |
| 4.4.3 | Dachraumentlüfter (Kunststoff oder Metall) einbauen und eindecken, alle Deckungsarten | Stück | 20,0 – 30,0 |
| | ZWB | | |
| 4.4.4 | Bogenschnittlüfter (Metall), Größe 30/30 cm, einbauen und eindecken | Stück | 5,0 – 10,0 |
| | ZWB | | |
| 4.4.5 | Antennendurchgang (Kunststoff oder Metall) einbauen und eindecken, alle Deckungsarten | Stück | 30,0 – 40,0 |
| | ZWB | | |

➡ *Mehrzeiten für Detaildeckungen (4.3)*
➡ *Mehrzeiten für Details (4.4)*

| 4 | Schiefer | | Zeitwerte in Minuten |
|---|---|---|---|
| **Nr.** | **Kurztext-Ausführung** | **Einheit** | **alle Dachformen** |
| **4.4.6** | **Dachfenster als Dachausstieg**<br>(Kunststoff oder Metall) einbauen und eindecken | | |
| 4.4.6.1 | Fenstergröße ca. 40/60 cm | Stück | 100,0 – 140,0 |
| | ZWB | | |
| 4.4.6.2 | Fenstergröße ca. 50/80 cm | Stück | 120,0 – 160,0 |
| | ZWB | | |
| **4.4.7** | **Dachflächenfenster verschiedener Größe**<br>einbauen und eindecken unter Verwendung von vorgefertigten Eindeckrahmen, ohne Auswechslung, alle Deckungsarten, ohne Luftdichtheitsschicht und Innenfutter | | |
| 4.4.7.1 | Fenstergröße 55/98 cm einbauen und eindecken | Stück | 160,0 – 180,0 |
| | ZWB | | |
| 4.4.7.2 | Fenstergröße 64/98 cm einbauen und eindecken | Stück | 160,0 – 180,0 |
| | ZWB | | |
| 4.4.7.3 | Fenstergröße 78/118 cm einbauen und eindecken | Stück | 230,0 – 270,0 |
| | ZWB | | |
| 4.4.7.4 | Fenstergröße 94/118 cm einbauen und eindecken | Stück | 250,0 – 290,0 |
| | ZWB | | |
| 4.4.7.5 | Fenstergröße 114/118 cm einbauen und eindecken | Stück | 300,0 – 320,0 |
| | ZWB | | |
| 4.4.7.6 | Fenstergröße 134/140 cm einbauen und eindecken | Stück | 350,0 – 410,0 |
| | ZWB | | |

➡ *Mehrzeiten für Details (4.4)*

| 4 | Schiefer | | Zeitwerte in Minuten |
|---|---|---|---|
| **Nr.** | **Kurztext-Ausführung** | **Einheit** | **alle Dachformen** |
| 4.4.8 | Schneefanggitter einschl. Schneefanggitterstützen auf Metallunterlage einbauen und eindecken, ca. 1,7 Stück Stützen pro m, alle Deckungsarten | m | 42,0 – 60,0 |
| | ZWB | | |
| 4.4.9 | Laufrost ca. 1 m lang, auf zwei Stützen, auf Metallunterlage einbauen und eindecken, alle Deckungsarten | Stück | 50,0 – 70,0 |
| | ZWB | | |
| 4.4.10 | Blitzableiterstützen einstecken, alle Deckungsarten | Stück | 1,0 – 3,0 |
| | ZWB | | |

# 5 Faserzement-Dachplatten

| 5 | Faserzement-Dachplatten | | Zeitwerte in Minuten | | | | |
|---|---|---|---|---|---|---|---|
| **Nr.** | **Kurztext-Ausführung** | **Einheit** | **Einfamilien- bis Mehrfamilienhaus** | **Wohnblöcke, Verwaltungs-gebäude** | **Villen** | **Garagen, sonstige Kleinflächen** | **Türme** |
| **5.1** | **Vorbereitende Arbeiten** | | | | | | |
| | Hierin sind nicht enthalten:<br>Container, Transport, Deponiegebühren | | | | | | |
| **5.1.1** | **Demontage Asbestzement nach TRGS 519** | | | | | | |
| **5.1.1.1** | **Deckungen abnehmen** | | | | | | |
| | Kalkulationsgrundlage: Dachneigung bis 30° | | | | | | |
| 5.1.1.1.1 | Deutsche Deckung, Quadrate mit Bogenschnitt, 40/40 cm, abdecken (bis 12,75 Stück/m²) | m² | 15,0 | 13,5 | 16,5 | 20,0 | 27,0 |
| | ZWB | | | | | | |
| 5.1.1.1.2 | Deutsche Deckung, Quadrate mit Bogenschnitt, 30/30 cm, abdecken (bis 25,06 Stück/m²) | m² | 23,0 | 22,5 | 27,0 | 28,5 | 42,5 |
| | ZWB | | | | | | |
| 5.1.1.1.3 | Spitzschablonendeckung, Quadrate, 40/40 cm, abdecken (bis 11,9 Stück/m²) | m² | 15,0 | 13,5 | 16,5 | 20,0 | 27,0 |
| | ZWB | | | | | | |
| 5.1.1.1.4 | Waagerechte Deckung, Rechtecker, 60/30 cm, abdecken (bis 10,42 Stück/m²) | m² | 13,0 | 10,5 | 14,0 | 17,0 | – |
| | ZWB | | | | | | |
| 5.1.1.1.5 | Waagerechte Deckung, Quadrate, 40/40 cm, abdecken (bis 11,90 Stück/m²) | m² | 13,5 | 11,0 | 16,0 | 17,5 | 29,0 |
| | ZWB | | | | | | |

| 5 | Faserzement-Dachplatten | | Zeitwerte in Minuten | | | | |
|---|---|---|---|---|---|---|---|
| **Nr.** | **Kurztext-Ausführung** | **Einheit** | **Einfamilien- bis Mehrfamilienhaus** | **Wohnblöcke, Verwaltungs- gebäude** | **Villen** | **Garagen, sonstige Kleinflächen** | **Türme** |
| 5.1.1.1.6 | Waagerechte Deckung, Quadrate, 40/20 cm, abdecken (bis 17,36 Stück/m², Wanddeckung) | m² | 18,5 | 16,5 | 21,0 | 22,5 | 33,5 |
| | ZWB | | | | | | |
| 5.1.1.1.7 | Doppeldeckung, Quadrate, 40/40 cm, abdecken (bis 17,86 Stück/m²) | m² | 21,5 | 20,5 | 27,0 | 27,0 | 42,0 |
| | ZWB | | | | | | |
| 5.1.1.1.8 | Doppeldeckung, Quadrate, 30/30 cm, abdecken (bis 33,3 Stück/m²) | m² | 36,0 | 33,0 | 40,0 | 40,0 | 65,0 |
| | ZWB | | | | | | |
| 5.1.1.2 | Unterkonstruktion entfernen (bei Kontaminierung) | | | | | | |
| 5.1.1.2.1 | Vordeckung abnehmen | m² | 3,0 | 2,7 | 3,7 | 3,7 | 4,0 |
| | ZWB | | | | | | |
| 5.1.1.2.2 | Dachschalung, 24 mm Dicke, abnehmen | m² | 20,0 | 20,0 | 25,0 | 30,0 | 35,0 |
| | ZWB | | | | | | |
| 5.1.1.2.3 | Vorhandene Dachschalung reinigen und nachnageln (ca. 30 %) | m² | 6,5 | 6,0 | 7,5 | 10,0 | 13,0 |
| | ZWB | | | | | | |
| 5.1.1.2.4 | Dachlattung bis Lattungsweite 10 cm abnehmen | m² | 17,0 | 15,0 | 19,5 | 19,5 | 24,0 |
| | ZWB | | | | | | |
| 5.1.1.2.5 | Dachlattung bis Lattungsweite 15 cm abnehmen | m² | 12,0 | 10,5 | 14,0 | 14,0 | 17,0 |
| | ZWB | | | | | | |

| 5 | Faserzement-Dachplatten | | Zeitwerte in Minuten | | | | |
|---|---|---|---|---|---|---|---|
| **Nr.** | **Kurztext-Ausführung** | **Einheit** | **Einfamilien- bis Mehrfamilienhaus** | **Wohnblöcke, Verwaltungsgebäude** | **Villen** | **Garagen, sonstige Kleinflächen** | **Türme** |
| 5.1.1.2.6 | Dachlattung bis Lattungsweite 20 cm abnehmen | m² | 8,5 | 7,5 | 10,0 | 10,0 | 12,0 |
| | ZWB | | | | | | |
| 5.1.1.2.7 | Konterlattung abnehmen | m² | 3,0 | 2,5 | 3,5 | 3,5 | 5,0 |
| | ZWB | | | | | | |
| 5.1.1.2.8 | Gesimsbretter bis 25 cm Breite abnehmen | m | 8,0 | 8,0 | 10,0 | 10,0 | 12,0 |
| | ZWB | | | | | | |
| **5.1.2** | **Abriss (keine Asbestzementarbeiten)** | | | | | | |
| 5.1.2.1 | Deckungen abnehmen | | | | | | |
| | Kalkulationsgrundlage: Dachneigung bis 30° | | | | | | |
| 5.1.2.1.1 | Deutsche Deckung, Quadrate mit Bogenschnitt, 40/40 cm, abdecken (bis 12,75 Stück/m²) | m² | 10,0 | 9,0 | 11,0 | 13,5 | 18,0 |
| | ZWB | | | | | | |
| 5.1.2.1.2 | Deutsche Deckung, Quadrate mit Bogenschnitt, 30/30 cm, abdecken (bis 25,06 Stück/m²) | m² | 15,5 | 15,0 | 18,0 | 19,0 | 28,5 |
| | ZWB | | | | | | |
| 5.1.2.1.3 | Spitzschablonendeckung, Quadrate, 40/40 cm, abdecken (bis 11,9 Stück/m²) | m² | 10,0 | 9,0 | 12,5 | 13,5 | 18,0 |
| | ZWB | | | | | | |
| 5.1.2.1.4 | Waagerechte Deckung, Rechtecker, 60/30 cm, abdecken (bis 10,42 Stück/m²) | m² | 8,5 | 7,0 | 11,0 | 11,5 | – |
| | ZWB | | | | | | |

| 5 | Faserzement-Dachplatten | | Zeitwerte in Minuten | | | | |
|---|---|---|---|---|---|---|---|
| **Nr.** | **Kurztext-Ausführung** | **Einheit** | **Einfamilien- bis Mehrfamilienhaus** | **Wohnblöcke, Verwaltungs-gebäude** | **Villen** | **Garagen, sonstige Kleinflächen** | **Türme** |
| 5.1.2.1.5 | Waagerechte Deckung, Quadrate, 40/40 cm, abdecken (bis 11,9 Stück/m²) | m² | 9,0 | 7,5 | 11,0 | 11,5 | 16,0 |
| | ZWB | | | | | | |
| 5.1.2.1.6 | Doppeldeckung, Rechtecker, 30/60 cm, abdecken (bis 13,89 Stück/m²) | m² | 12,5 | 11,5 | 14,5 | 15,0 | – |
| | ZWB | | | | | | |
| 5.1.2.1.7 | Doppeldeckung, Quadrate, 40/40 cm, abdecken (bis 17,86 Stück/m²) | m² | 14,5 | 13,5 | 18,0 | 18,0 | 28,0 |
| | ZWB | | | | | | |
| 5.1.2.1.8 | Doppeldeckung, Quadrate, 30/30 cm, abdecken (bis 33,3 Stück/m²) | m² | 24,0 | 22,0 | 26,0 | 27,0 | 43,5 |
| | ZWB | | | | | | |
| 5.1.2.2 | Unterkonstruktion entfernen | | | | | | |
| 5.1.2.2.1 | Vordeckung abnehmen | m² | 2,0 | 2,0 | 2,5 | 25,0 | 2,7 |
| | ZWB | | | | | | |
| 5.1.2.2.2 | Dachschalung, 24 mm Dicke, abnehmen | m² | 13,5 | 13,5 | 16,7 | 20,0 | 23,5 |
| | ZWB | | | | | | |
| 5.1.2.2.3 | Vorhandene Dachschalung reinigen und nachnageln (ca. 30 %) | m² | 4,5 | 4,0 | 5,0 | 6,7 | 8,7 |
| | ZWB | | | | | | |
| 5.1.2.2.4 | Dachlattung bis Lattungsweite 10 cm abnehmen | m² | 11,5 | 10,0 | 13,0 | 13,0 | 16,0 |
| | ZWB | | | | | | |

| 5 | Faserzement-Dachplatten | | Zeitwerte in Minuten | | | | |
|---|---|---|---|---|---|---|---|
| **Nr.** | **Kurztext-Ausführung** | **Einheit** | **Einfamilien- bis Mehrfamilienhaus** | **Wohnblöcke, Verwaltungs-gebäude** | **Villen** | **Garagen, sonstige Kleinflächen** | **Türme** |
| 5.1.2.2.5 | Dachlattung bis Lattungsweite 15 cm abnehmen | $m^2$ | 8,0 | 7,0 | 9,5 | 9,5 | 11,5 |
| | ZWB | | | | | | |
| 5.1.2.2.6 | Dachlattung bis Lattungsweite 20 cm abnehmen | $m^2$ | 5,7 | 5,0 | 6,7 | 6,7 | 8,0 |
| | ZWB | | | | | | |
| 5.1.2.2.7 | Konterlattung abnehmen | $m^2$ | 2,0 | 1,7 | 2,5 | 2,5 | 3,5 |
| | ZWB | | | | | | |
| 5.1.2.2.8 | Gesimsbretter bis 25 cm Breite abnehmen | m | 5,5 | 5,5 | 6,7 | 6,7 | 8,0 |
| | ZWB | | | | | | |
| 5.1.2.2.9 | Traufbohlen abnehmen | m | 2,7 | 2,7 | 3,5 | 3,5 | 4,0 |
| | ZWB | | | | | | |
| 5.1.2.2.10 | Kehlschalung abnehmen | m | 6,7 | 6,7 | 8,0 | 8,0 | 9,5 |
| | ZWB | | | | | | |
| **5.1.2** | **Abriss (keine Asbestzementarbeiten)** | | | | | | |
| **5.1.2.1** | **Deckungen abnehmen**<br>Kalkulationsgrundlage: Dachneigung bis 30° | | | | | | |
| 5.1.2.1.1 | Deutsche Deckung, Quadrate mit Bogenschnitt, 40/40 cm, abdecken (bis 12,75 Stück/$m^2$) | $m^2$ | 10,0 | 9,0 | 11,0 | 13,5 | 18,0 |
| | ZWB | | | | | | |
| 5.1.2.1.2 | Deutsche Deckung, Quadrate mit Bogenschnitt, 30/30 cm, abdecken (bis 25,06 Stück/$m^2$) | $m^2$ | 15,5 | 15,0 | 18,0 | 19,0 | 28,5 |
| | ZWB | | | | | | |

| 5 | Faserzement-Dachplatten | | Zeitwerte in Minuten | | | | |
|---|---|---|---|---|---|---|---|
| **Nr.** | **Kurztext-Ausführung** | **Einheit** | **Einfamilien- bis Mehrfamilienhaus** | **Wohnblöcke, Verwaltungs-gebäude** | **Villen** | **Garagen, sonstige Kleinflächen** | **Türme** |
| 5.1.2.1.3 | Spitzschablonendeckung, Quadrate, 40/40 cm, abdecken (bis 11,9 Stück/m²) | m² | 10,0 | 9,0 | 12,5 | 13,5 | 18,0 |
| | ZWB | | | | | | |
| 5.1.2.1.4 | Waagerechte Deckung, Rechtecker, 60/30 cm, abdecken (bis 10,42 Stück/m²) | m² | 8,5 | 7,0 | 11,0 | 11,5 | – |
| | ZWB | | | | | | |
| 5.1.2.1.5 | Waagerechte Deckung, Quadrate, 40/40 cm, abdecken (bis 11,9 Stück/m²) | m² | 9,0 | 7,5 | 11,0 | 11,5 | 16,0 |
| | ZWB | | | | | | |
| 5.1.2.1.6 | Doppeldeckung, Rechtecker, 30/60 cm, abdecken (bis 13,89 Stück/m²) | m² | 12,5 | 11,5 | 14,5 | 15,0 | – |
| | | | | | | | |
| 5.1.2.1.7 | Doppeldeckung, Quadrate, 40/40 cm, abdecken (bis 17,86 Stück/m²) | m² | 14,5 | 13,5 | 18,0 | 18,0 | 28,0 |
| | ZWB | | | | | | |
| 5.1.2.1.8 | Doppeldeckung, Quadrate, 30/30 cm, abdecken (bis 33,3 Stück/m²) | m² | 24,0 | 22,0 | 26,0 | 27,0 | 43,5 |
| | ZWB | | | | | | |
| **5.1.2.2** | **Unterkonstruktion entfernen** | | | | | | |
| 5.1.2.2.1 | Vordeckung abnehmen | m² | 2,0 | 2,0 | 2,5 | 25,0 | 2,7 |
| | ZWB | | | | | | |
| 5.1.2.2.2 | Dachschalung, 24 mm Dicke, abnehmen | m² | 13,5 | 13,5 | 16,7 | 20,0 | 23,5 |
| | ZWB | | | | | | |

| 5 | Faserzement-Dachplatten | | Zeitwerte in Minuten | | | | |
|---|---|---|---|---|---|---|---|
| **Nr.** | **Kurztext-Ausführung** | **Einheit** | **Einfamilien- bis Mehrfamilienhaus** | **Wohnblöcke, Verwaltungsgebäude** | **Villen** | **Garagen, sonstige Kleinflächen** | **Türme** |
| 5.1.2.2.3 | Vorhandene Dachschalung reinigen und nachnageln (ca. 30 %) | m² | 4,5 | 4,0 | 5,0 | 6,7 | 8,7 |
| | ZWB | | | | | | |
| 5.1.2.2.4 | Dachlattung bis Lattungsweite 10 cm abnehmen | m² | 11,5 | 10,0 | 13,0 | 13,0 | 16,0 |
| | ZWB | | | | | | |
| 5.1.2.2.5 | Dachlattung bis Lattungsweite 15 cm abnehmen | m² | 8,0 | 7,0 | 9,5 | 9,5 | 11,5 |
| | ZWB | | | | | | |
| 5.1.2.2.6 | Dachlattung bis Lattungsweite 20 cm abnehmen | m² | 5,7 | 5,0 | 6,7 | 6,7 | 8,0 |
| | ZWB | | | | | | |
| 5.1.2.2.7 | Konterlattung abnehmen | m² | 2,0 | 1,7 | 2,5 | 2,5 | 3,5 |
| | ZWB | | | | | | |
| 5.1.2.2.8 | Gesimsbretter bis 25 cm Breite abnehmen | m | 5,5 | 5,5 | 6,7 | 6,7 | 8,0 |
| | ZWB | | | | | | |
| 5.1.2.2.9 | Traufbohlen abnehmen | m | 2,7 | 2,7 | 3,5 | 3,5 | 4,0 |
| | ZWB | | | | | | |
| 5.1.2.2.10 | Kehlschalung abnehmen | m | 6,7 | 6,7 | 8,0 | 8,0 | 9,5 |
| | ZWB | | | | | | |

| 5 | Faserzement-Dachplatten | | Zeitwerte in Minuten | | | | |
|---|---|---|---|---|---|---|---|
| **Nr.** | **Kurztext-Ausführung** | **Einheit** | **Einfamilien- bis Mehrfamilienhaus** | **Wohnblöcke, Verwaltungs-gebäude** | **Villen** | **Garagen, sonstige Kleinflächen** | **Türme** |
| **5.2** | **Deckunterlage** | | | | | | |
| | *Diese versteht sich für ebene Dachflächen ohne Dachdurch-dringungen wie Dachausbauten, Dachfenster, Kamine u.Ä., die gesondert mit entsprechenden Mehrzeiten zu kalkulieren sind.* | | | | | | |
| **5.2.1** | **Unterkonstruktion** | | | | | | |
| 5.2.1.1 | Dachschalung Holz, sägerauh, 24 mm Dicke, bis 30° DN aufbringen | m² | 20,0 | 18,0 | 25,0 | 25,0 | 40,0 |
| | ZWB | | | | | | |
| 5.2.1.2 | Dachschalung Holz, sägerauh, 24 mm Dicke, über 30° DN aufbringen | m² | 25,0 | 23, | 30,0 | 30,0 | 50,0 |
| | ZWB | | | | | | |
| 5.2.1.3 | Vordeckung mit Bitumendachbahnen bis 36° DN verlegen | m² | 6,0 | 6,0 | 7,2 | 7,5 | 12,0 |
| | ZWB | | | | | | |
| 5.2.1.4 | Vordeckung mit Bitumendachbahnen über 36° DN verlegen | m² | 9,0 | 9,0 | 11,0 | 11,0 | 15,0 |
| | ZWB | | | | | | |
| 5.2.1.5 | Konterlattung, 24 mm Dicke, aufbringen | m² | 3,0 | 2,7 | 4,6 | 3,5 | 5,9 |
| | ZWB | | | | | | |
| 5.2.1.6 | Konterlattung, über 24 mm Dicke, aufbringen | m² | 3,5 | 3,2 | 5,1 | 4,0 | 6,4 |
| | ZWB | | | | | | |
| **5.2.2** | **Dachlattung** | | | | | | |
| 5.2.2.1 | bis 4/6 cm, Lattungsweite 10 cm, anbringen | m² | 24,0 | 22,4 | 27,4 | 24,4 | 42,0 |
| | ZWB | | | | | | |

| 5 | Faserzement-Dachplatten | | Zeitwerte in Minuten | | | | |
|---|---|---|---|---|---|---|---|
| **Nr.** | **Kurztext-Ausführung** | **Einheit** | **Einfamilien- bis Mehrfamilienhaus** | **Wohnblöcke, Verwaltungsgebäude** | **Villen** | **Garagen, sonstige Kleinflächen** | **Türme** |
| 5.2.2.2 | bis 4/6 cm, Lattungsweite bis 15 cm, anbringen | m² | 17,4 | 16,0 | 19,6 | 17,4 | 30,0 |
| | ZWB | | | | | | |
| 5.2.2.3 | bis 4/6 cm, Lattungsweite bis 20 cm, anbringen | m² | 13,0 | 12,0 | 14,5 | 13,5 | 23,0 |
| | ZWB | | | | | | |
| **5.2.3** | **Details** | | | | | | |
| 5.2.3.1 | Traufbohlen anbringen | m | 6,3 | 5,8 | 7,5 | 6,0 | 12,0 |
| | ZWB | | | | | | |
| 5.2.3.2 | Ortgangbrett (Unter- oder Hängebrett) bis 25 cm Breite befestigen | m | 18,0 | 16,5 | 19,0 | 17,0 | 36,0 |
| | ZWB | | | | | | |
| 5.2.3.3 | Stirnbrett bis 25 cm befestigen | m | 18,0 | 16,5 | 19,0 | 17,0 | 36,0 |
| | ZWB | | | | | | |
| 5.2.3.4 | Traufgesimsbrett (Unter- oder Hängebrett) bis 25 cm befestigen | m | 20,0 | 18,5 | 21,0 | 19,0 | 40,0 |
| | ZWB | | | | | | |
| 5.2.3.5 | Kehlschalung (bei Lattung) bis 50 cm Breite herstellen | m | 30,0 | 25,0 | 35,0 | 35,0 | 60,0 |
| | ZWB | | | | | | |

➡ *Deckunterlage (5.2)*

| 5 | Faserzement-Dachplatten | | Zeitwerte in Minuten | | | | |
|---|---|---|---|---|---|---|---|
| **Nr.** | **Kurztext-Ausführung** | **Einheit** | **Einfamilien- bis Mehrfamilienhaus** | **Wohnblöcke, Verwaltungs-gebäude** | **Villen** | **Garagen, sonstige Kleinflächen** | **Türme** |
| **5.3** | **Neueindeckungen** | | | | | | |
| | *Diese verstehen sich für ebene Dachflächen ohne das Eindecken und Anarbeiten des Deckwerkstoffes an Dachdurchdringungen, Kehlen, Grate u.Ä.* | | | | | | |
| 5.3.1 | Deutsche Deckung, Quadrate mit Bogenschnitt, 40/40 cm, (bis 12,75 Stück/m²) eindecken | m² | 20,0 | 25,0 | 30,0 | 30,0 | 40,0 |
| | ZWB | | | | | | |
| 5.3.2 | Deutsche Deckung, Quadrate mit Bogenschnitt, 30/30 cm (bis 25,06 Stück/m²) eindecken | m² | 35,0 | 40,0 | 50,0 | 50,0 | 65,0 |
| | ZWB | | | | | | |
| 5.3.3 | Waagerechte Deckung, Rechtecker, 60/30 cm (bis 10,42 Stück/m²) eindecken | m² | 28,0 | 28,0 | 31,0 | 31,0 | – |
| | ZWB | | | | | | |
| 5.3.4 | Waagerechte Deckung, Rechtecker, 40/20 cm (bis 17,36 Stück/m²) eindecken | m² | 40,0 | 40,0 | 45,0 | 50,0 | – |
| | ZWB | | | | | | |
| 5.3.5 | Doppeldeckung, Rechtecker, 30/60 cm (bis 13,89 Stück/m²) eindecken | m² | 35,0 | 35,0 | 40,0 | 45,0 | – |
| | ZWB | | | | | | |

| 5 | Faserzement-Dachplatten | | Zeitwerte in Minuten | | | | |
|---|---|---|---|---|---|---|---|
| Nr. | Kurztext-Ausführung | Einheit | Einfamilien- bis Mehrfamilienhaus | Wohnblöcke, Verwaltungs-gebäude | Villen | Garagen, sonstige Kleinflächen | Türme |
| 5.3.6 | Doppeldeckung, Quadrate, 40/40 cm (bis 17,86 Stück/m²) eindecken | m² | 40,0 | 40,0 | 45,0 | 50,0 | 60,0 |
| | ZWB | | | | | | |
| 5.3.7 | Doppeldeckung, Quadrate, 30/30 cm (bis 33,33 Stück/m²) eindecken | m² | 65,0 | 75,0 | 85,0 | 85,0 | 110,0 |
| | ZWB | | | | | | |
| **5.4** | **Zusatzarbeiten und Details bei der Flächendeckung als Mehrzeiten zur jeweiligen Deckungsart** | | | | | | |
| **5.4.1** | **Fußdeckung herstellen** | | | | | | |
| 5.4.1.1 | Fußdeckung eingebunden, herstellen | m | 20,0 | 18,0 | 24,0 | 26,5 | 27,5 |
| | ZWB | | | | | | |
| 5.4.1.2 | Fußdeckung eingespitzt, herstellen | m | 14,0 | 13,0 | 17,0 | 19,0 | 24,0 |
| | ZWB | | | | | | |
| 5.4.2 | Ortdeckung eingebunden, herstellen | m | 30,0 | 28,0 | 35,0 | 35,0 | 40,0 |
| | ZWB | | | | | | |
| 5.4.3 | Ortdeckung auslaufend, waagerechte Deckung herstellen | m | 12,0 | 12,0 | 16,0 | 19,0 | 25,0 |
| | ZWB | | | | | | |
| 5.4.4 | Ortdeckung auslaufend, Doppeldeckung herstellen | m | 19,0 | 18,0 | 22,0 | 24,0 | 30,0 |
| | ZWB | | | | | | |
| 5.4.5 | Ortdeckung aufgelegt, (Strackort), bei Schalung herstellen | m | 24,0 | 23,0 | 25,0 | 27,0 | 35,0 |
| | ZWB | | | | | | |

➡ *Neueindeckungen (5.3)*
➡ *Mehrzeiten für Details (5.4)*

| 5 | Faserzement-Dachplatten | | Zeitwerte in Minuten | | | | |
|---|---|---|---|---|---|---|---|
| **Nr.** | **Kurztext-Ausführung** | **Einheit** | **Einfamilien- bis Mehrfamilienhaus** | **Wohnblöcke, Verwaltungs-gebäude** | **Villen** | **Garagen, sonstige Kleinflächen** | **Türme** |
| 5.4.6 | Gratdeckung eingebunden, (doppelseitig) herstellen | m | 60,0 | 56,0 | 70,0 | 70,0 | 80,0 |
| | ZWB | | | | | | |
| 5.4.7 | Gratdeckung aufgelegt, (doppelseitig) bei vorhandener Schalung herstellen | m | 48,0 | 46,0 | 50,0 | 54,0 | 70,0 |
| | ZWB | | | | | | |
| 5.4.8 | Firstdeckung (doppelseitig) bei vorhandener Schalung (ohne Ausspitzen) | m | 24,0 | 23,0 | 28,0 | 32,0 | 40,0 |
| | ZWB | | | | | | |
| 5.4.9 | Firstdeckung (doppelseitig) herstellen (mit Ausspitzen) | m | 33,0 | 30,0 | 37,0 | 40,0 | 40,0 |
| | ZWB | | | | | | |
| 5.4.10 | Metallunterlage für First- und Gratdeckung anbringen | m | 3,0 | 3,0 | 3,0 | 3,0 | 4,0 |
| | ZWB | | | | | | |
| **5.4.11** | **Kehlen** eindecken<br>*Die Zeitwerte für die Kehldeckungen beinhalten den Zeitaufwand für das Anbringen der Kehlschalung (Kehlbrett und Dreikantleisten).* | | | | | | |
| 5.4.11.1 | Hauptkehle eingebunden | m | 145,0 | 140,0 | 165,0 | 185,0 | 190,0 |
| | ZWB | | | | | | |
| 5.4.11.2 | Wangenkehle eingebunden, eingehende Kehldeckung eindecken | m | 145,0 | 140,0 | 165,0 | 185,0 | 190,0 |
| | ZWB | | | | | | |

➡ *Mehrzeiten für Details (5.4)*

| 5 | Faserzement-Dachplatten | | Zeitwerte in Minuten | | | | |
|---|---|---|---|---|---|---|---|
| Nr. | Kurztext-Ausführung | Einheit | Einfamilien- bis Mehrfamilienhaus | Wohnblöcke, Verwaltungs-gebäude | Villen | Garagen, sonstige Kleinflächen | Türme |
| 5.4.11.3 | Wangenkehle eingebunden, ausgehende Kehldeckung eindecken | m | 160,0 | 155,0 | 180,0 | 205,0 | 215,0 |
| | ZWB | | | | | | |
| 5.4.11.4 | Wandkehle eingebunden, eingehende Kehldeckung (4 Platten breit) eindecken | m | 70,0 | 67,0 | 80,0 | 90,0 | 95,0 |
| | ZWB | | | | | | |
| 5.4.11.5 | Metallkehlen beidecken, beidseitig an Hauptkehle | m | 40,0 | 38,0 | 42,0 | 45,0 | 50,0 |
| | ZWB | | | | | | |
| 5.4.11.6 | Metallkehle beidecken, einseitig, z.B. Wandanschluss, Kamine o.Ä. | m | 22,0 | 21,0 | 23,0 | 25,0 | 30,0 |
| | ZWB | | | | | | |
| 5.4.11.7 | Nockenkehlen eindecken (Hauptkehlen), beidseitig | m | 45,0 | 45,0 | 50,0 | 55,0 | 60,0 |
| | ZWB | | | | | | |
| 5.4.11.8 | Nockenkehlen eindecken (Wandanschluss) | m | 23,0 | 23,0 | 26,0 | 30,0 | 40,0 |
| | ZWB | | | | | | |
| 5.4.12 | Laibungen eindecken je Seite, bis 30 cm | m | 60,0 | 60,0 | 65,0 | 65,0 | 70,0 |
| | ZWB | | | | | | |
| 5.4.13 | Pfosten eindecken, je Seite Stirnbrett, Gesimsbrett (bis 30 cm) | m | 60,0 | 60,0 | 65,0 | 65,0 | 70,0 |
| | ZWB | | | | | | |
| 5.4.14 | Dachraumentlüfter einbauen und eindecken, einschl. Ausschnitt in der Deckunterlage | Stück | 30,0 | 30,0 | 30,0 | 30,0 | 35,0 |
| | ZWB | | | | | | |

| 5 | Faserzement-Dachplatten | | Zeitwerte in Minuten | | | | |
|---|---|---|---|---|---|---|---|
| **Nr.** | **Kurztext-Ausführung** | **Einheit** | **Einfamilien- bis Mehrfamilienhaus** | **Wohnblöcke, Verwaltungs-gebäude** | **Villen** | **Garagen, sonstige Kleinflächen** | **Türme** |
| 5.4.15 | Dunstrohr-, Antennenverwahrung o.Ä. einbauen und eindecken, einschl. Ausschnitt in der Deckunterlage | Stück | 30,0 | 30,0 | 30,0 | 30,0 | 35,0 |
| | ZWB | | | | | | |
| 5.4.16 | Laufroste bis 1,00 m Länge mit 2 Standroststützen einbauen und eindecken, auf Metallunterlage | Stück | 55,0 | 55,0 | 60,0 | 60,0 | 65,0 |
| | ZWB | | | | | | |
| 5.4.17 | Schneefanggitter, 1,5 Stützen je m, einbauen | m | 40,0 | 38,0 | 42,0 | 44,0 | 50,0 |
| | ZWB | | | | | | |
| 5.4.18 | Sicherheitsdachhaken auf Metallunterlage einbauen und eindecken | Stück | 35,0 | 35,0 | 38,0 | 38,0 | 50,0 |
| | ZWB | | | | | | |
| **5.4.19** | **Dachfenster einbauen und eindecken** (mit Ausschnitt der Deckunterlage) | | | | | | |
| 5.4.19.1 | Fenstergröße 40/60 cm | Stück | 100,0 | 100,0 | 105,0 | 105,0 | 125,0 |
| | ZWB | | | | | | |
| 5.4.19.2 | Fenstergröße 50/80 cm einbauen | Stück | 120,0 | 120,0 | 125,0 | 125,0 | 150,0 |
| | ZWB | | | | | | |
| **5.4.20** | **Wohnraumdachflächenfenster** verschiedener Größe einbauen und eindecken, unter Verwendung von fertigen Eindeckrahmen, ohne Auswechslung (mit Ausschnitt der Deckunterlage) | | | | | | |
| 5.4.20.1 | Fenstergröße 55/98 cm einbauen | Stück | 230,0 | 230,0 | 235,0 | 235,0 | 270,0 |
| | ZWB | | | | | | |

| 5 | Faserzement-Dachplatten | | Zeitwerte in Minuten | | | | |
|---|---|---|---|---|---|---|---|
| **Nr.** | **Kurztext-Ausführung** | **Einheit** | **Einfamilien- bis Mehrfamilienhaus** | **Wohnblöcke, Verwaltungsgebäude** | **Villen** | **Garagen, sonstige Kleinflächen** | **Türme** |
| 5.4.20.2 | Fenstergröße 64/98 cm einbauen | Stück | 240,0 | 240,0 | 245,0 | 245,0 | 280,0 |
| | ZWB | | | | | | |
| 5.4.20.3 | Fenstergröße 78/118 cm einbauen | Stück | 270,0 | 270,0 | 275,0 | 275,0 | – |
| | ZWB | | | | | | |
| 5.4.20.4 | Fenstergröße 94/118 cm einbauen | Stück | 290,0 | 290,0 | 295,0 | 295,0 | – |
| | ZWB | | | | | | |
| 5.4.20.5 | Fenstergröße 114/118 cm einbauen | Stück | 310,0 | 310,0 | 315,0 | 315,0 | – |
| | ZWB | | | | | | |
| 5.4.20.6 | Fenstergröße 134/140 cm einbauen | Stück | 350,0 | 350,0 | 355,0 | 355,0 | – |
| | ZWB | | | | | | |
| 5.4.20.7 | Fenstergröße 134/160 cm einbauen | Stück | 370,0 | 370,0 | 375,0 | 375,0 | – |
| | ZWB | | | | | | |
| 5.4.20.8 | Auswechslungen an Sparren über 1 Sparrenfeld einbauen | Stück | 125,0 | 125,0 | 130,0 | 130,0 | – |
| | ZWB | | | | | | |
| 5.4.20.9 | Auswechslungen an Sparren über 2 Sparrenfelder plus 2 Verstärkungssparren plus 2 Stiche einbauen | Stück | 250,0 | 250,0 | 260,0 | 260,0 | – |
| | ZWB | | | | | | |

# 6 Faserzementgebundene Wellplatten-Deckungen

| 6 | Faserzementgebundene Wellplatten-Deckungen | | Zeitwerte in Minuten | | | | | |
|---|---|---|---|---|---|---|---|---|
| Nr. | Kurztext-Ausführung | Einheit | Einfamilien- bis Mehrfamilienhaus | Wohnblöcke, Verwaltungsgebäude | Hallen bis 500 m² | Hallen 500–1000 m² | Hallen über 1000 m² | Garagen, sonstige Kleinflächen |
| **6.1** | **Vorbereitende Arbeiten** | | | | | | | |
| | *Hierin sind nicht enthalten:*<br>*Container, Transport, Deponiegebühren.*<br>*Sicherheitsvorkehrungen, wie z.B. Schutznetze, sind gesondert zu kalkulieren.* | | | | | | | |
| **6.1.1** | **Demontage Asbestzement nach TRGS 519** | | | | | | | |
| 6.1.1.1 | **Wellplatten bei Holzunterkonstruktion** abnehmen | m² | 19,0 | 16,0 | 16,0 | 15,0 | 14,0 | 23,0 |
| | ZWB | | | | | | | |
| 6.1.1.2 | **Wellplatten bei Stahlunterkonstruktion** abnehmen | m² | 25,0 | 22,0 | 22,0 | 21,0 | 20,0 | 29,0 |
| | ZWB | | | | | | | |
| 6.1.1.3 | **Kurzwellplatten** abnehmen | m² | 32,0 | 28,0 | 28,0 | 27,0 | 26,0 | 36,0 |
| | ZWB | | | | | | | |
| **6.1.1.4** | **Oberflächenbehandlung** | | | | | | | |
| 6.1.1.4.1 | Bewitterte Oberfläche sowie unvermeidbare Bruchstellen der Asbestzementplatten gemäß TRGS 519 Abschnitt 7,4 zur temporären Faserbindung mit Restfaserbindemittel beschichten, **als Mehrzeit** | m² | 3,6 | 3,0 | 3,0 | 2,8 | 2,6 | 4,5 |
| | ZWB | | | | | | | |

| 6 | Faserzementgebundene Wellplatten-Deckungen | | Zeitwerte in Minuten | | | | | |
|---|---|---|---|---|---|---|---|---|
| Nr. | Kurztext-Ausführung | Einheit | Einfamilien- bis Mehrfamilienhaus | Wohnblöcke, Verwaltungsgebäude | Hallen bis 500 m² | Hallen 500–1000 m² | Hallen über 1000 m² | Garagen, sonstige Kleinflächen |
| 6.1.1.4.2 | **alternativ:** Bewitterte Oberfläche, Überdeckungsbereiche sowie unvermeidbare Bruchstellen der Asbestzementplatten gemäß TRGS 519 Abschnitt 7.4 zur temporären Faserbindung befeuchten, **als Mehrzeit** | m² | 1,8 | 1,5 | 1,5 | 1,4 | 1,3 | 2,5 |
| | ZWB | | | | | | | |
| 6.1.1.4.3 | Rückseitenbehandlung sowie unvermeidbare Bruchstellen der Asbestzementplatten gemäß TRGS 519 Abschnitt 7.4 zur temporären Faserbindung mit Restfaserbindemittel beschichten, **als Mehrzeit** | m² | 4,8 | 4,0 | 4,0 | 3,7 | 3,4 | 6,0 |
| | ZWB | | | | | | | |
| 6.1.1.4.4 | **alternativ:** Rückseitenbehandlung sowie unvermeidbare Bruchstellen der Asbestzementplatten gemäß TRGS 519 Abschnitt 7.4 zur temporären Faserbindung befeuchten, **als Mehrzeit** | m² | 3,0 | 2,5 | 2,5 | 2,3 | 2,1 | 4,0 |
| | ZWB | | | | | | | |
| **6.1.1.5** | **Verpackung und Baustellentransport** | | | | | | | |
| 6.1.1.5.1 | Vorbehandelte Asbestzementplatten **direkt an der Abbruchstelle stapeln,** in Folie staubdicht verpacken, verpackte Einheit kennzeichnen, mit Kran ablassen und zur Entsorgung bereitstellen, **als Mehrzeit** | m² | 2,0 | 2,0 | 2,0 | 2,0 | 2,0 | – |
| | ZWB | | | | | | | |
| 6.1.1.5.2 | **alternativ:** Vorbehandelte Asbestzementplatten **einzeln ablassen**, palettieren, in Folie staubdicht verpacken, verpackte Einheit kennzeichnen und zur Entsorgung bereitstellen, **als Mehrzeit** | m² | 10,0 | 10,0 | 10,0 | 12,0 | 14,0 | 12,0 |
| | ZWB | | | | | | | |

| 6 | Faserzementgebundene Wellplatten-Deckungen | | Zeitwerte in Minuten | | | | | |
|---|---|---|---|---|---|---|---|---|
| Nr. | Kurztext-Ausführung | Einheit | Einfamilien- bis Mehrfamilienhaus | Wohnblöcke, Verwaltungsgebäude | Hallen bis 500 m² | Hallen 500–1000 m² | Hallen über 1000 m² | Garagen, sonstige Kleinflächen |
| 6.1.1.6 | **Reinigung der Unterkonstruktion** Auf der Unterkonstruktion verbliebener Staub mit Entstauber gemäß TRGS 519 Abschnitt 7.3.7 absaugen, Sauggut verpacken, kennzeichnen und zur Entsorgung bereitstellen, **als Mehrzeit** | m² | 5,0 | 5,0 | 5,0 | 5,5 | 6,0 | 4,0 |
| | ZWB | | | | | | | |
| 6.1.1.7 | **Restfaserbindung an verbleibender Wärmedämmung** Durch Asbeststaub kontaminierte Wärmedämmung oberseitig beschichten | m² | 3,6 | 3,0 | 3,0 | 2,8 | 2,6 | 4,5 |
| | ZWB | | | | | | | |
| **6.1.2** | **Abriss (asbestfrei)** | | | | | | | |
| **6.1.2.1** | **Deckungen abnehmen** | | | | | | | |
| 6.1.2.1.1 | Eindeckungen, Profil 5 + 8, Wellplattenlängen von 1.250 mm bis 3.200 mm, **Holzunterkonstruktion**, aufnehmen, ablassen und zur Entsorgung bereitstellen | m² | 10,0 | 8,0 | 8,0 | 7,5 | 7,0 | 12,0 |
| | ZWB | | | | | | | |
| 6.1.2.1.2 | Eindeckungen, Profil 5 + 8, Wellplattenlängen von 1.250 mm bis 3.200 mm, **Stahlunterkonstruktion**, aufnehmen, ablassen und zur Entsorgung bereitstellen | m² | 11,0 | 9,0 | 9,0 | 8,5 | 8,0 | 13,0 |
| | ZWB | | | | | | | |
| 6.1.2.1.3 | **Kurzwellplatten**, Wellplattenlängen 625 mm bis 830 mm, aufnehmen, ablassen und zur Entsorgung bereitstellen | m² | 13,0 | 11,0 | 11,0 | 10,5 | 10,0 | 15,0 |
| | ZWB | | | | | | | |
| 6.1.2.2 | Unterkonstruktion entfernen, Latten bis 4/8 cm | m (!) | 3,0 | 2,5 | 2,5 | 2,0 | 2,0 | 5,0 |
| | ZWB | | | | | | | |

| 6 | Faserzementgebundene Wellplatten-Deckungen | | Zeitwerte in Minuten | | | | | |
|---|---|---|---|---|---|---|---|---|
| Nr. | Kurztext-Ausführung | Einheit | Einfamilien- bis Mehrfamilienhaus | Wohnblöcke, Verwaltungsgebäude | Hallen bis 500 m² | Hallen 500–1000 m² | Hallen über 1000 m² | Garagen, sonstige Kleinflächen |
| **6.2** | **Deckunterlagen-Unterkonstruktion** | | | | | | | |
| | *Diese verstehen sich für ebene Dachflächen ohne Dachdurchdringungen wie Dachausbauten, Dachfenster, Lichtkuppeln, Kamine u.ä., die gesondert mit entsprechenden Zeitaufschlägen zu kalkulieren sind.* | | | | | | | |
| 6.2.1 | Latten bis 4/6 cm, einbauen | m | 4,0 | 3,5 | 3,5 | 3,0 | 2,5 | 6,0 |
| | ZWB | | | | | | | |
| 6.2.2 | Pfetten, größer 5/7 cm, einbauen | m | 6,0 | 5,5 | 5,5 | 5,0 | 4,5 | 8,0 |
| | ZWB | | | | | | | |
| 6.2.3 | Unterspannbahnen bis 1,50 m Breite (bei Kurzwellplatten) verlegen | m² | 4,3 | 4,0 | 4,0 | 3,8 | 3,5 | 5,5 |
| | ZWB | | | | | | | |
| **6.2.4** | **Details Unterspannbahn** | | | | | | | |
| 6.2.4.1 | Unterspannbahn-Element für Durchführung | Stück | 5,0 | 5,0 | 5,0 | 5,0 | 5,0 | 5,0 |
| | ZWB | | | | | | | |
| 6.2.4.2 | Fenstermanschette für Unterspannbahn einkleben | Stück | 30,0 | 30,0 | 30,0 | 30,0 | 30,0 | 30,0 |
| | ZWB | | | | | | | |
| 6.2.4.3 | Anschlüsse der Unterspannbahn an Kehlen, Wand, Ortgang | m | 7,0 | 6,5 | 6,5 | 6,0 | 5,5 | 8,0 |
| | ZWB | | | | | | | |
| 6.2.5 | Konterlattung bis 4/7 cm anbringen | m | 2,2 | 2,0 | 2,0 | 1,9 | 1,8 | 2,5 |
| | ZWB | | | | | | | |

| 6 | Faserzementgebundene Wellplatten-Deckungen | | Zeitwerte in Minuten | | | | | |
|---|---|---|---|---|---|---|---|---|
| **Nr.** | **Kurztext-Ausführung** | **Einheit** | **Einfamilien- bis Mehrfamilienhaus** | **Wohnblöcke, Verwaltungs-gebäude** | **Hallen** bis 500 m² | **Hallen** 500–1000 m² | **Hallen** über 1000 m² | **Garagen, sonstige Kleinflächen** |
| 6.2.6 | Traufbohlen anbringen | m | 6,3 | 5,8 | 5,8 | 5,3 | 5,0 | 6,0 |
| | ZWB | | | | | | | |
| 6.2.7 | Ortgangbrett (Unter- oder Hängebrett) bis 25 cm Breite befestigen | m | 18,0 | 16,5 | 16,5 | 15,0 | 14,0 | 17,0 |
| | ZWB | | | | | | | |
| 6.2.8 | Stirnbrett (bis 25 cm Breite) befestigen | m | 18,0 | 16,5 | 16,5 | 15,0 | 14,0 | 17,0 |
| | ZWB | | | | | | | |
| 6.2.9 | Traufgesimsbrett (Unter- oder Hängebrett) bis 25 cm Breite befestigen | m | 20,0 | 18,5 | 18,5 | 17,0 | 16,0 | 19,0 |
| | ZWB | | | | | | | |
| **6.3** | **Neueindeckung** | | | | | | | |
| | *Sicherheitsvorkehrungen, wie z.B. Schutznetze, sind gesondert zu kalkulieren.* | | | | | | | |
| **6.3.1** | **Standarddeckungen Profil 5 + 8** auf Holzunterkonstruktion, Wellplattenlängen überwiegend 2.500 mm, mit vorgefertigtem Eckenschnitt, eindecken | m² | 12,0 | 10,0 | 10,0 | 9,5 | 9,0 | 14,0 |
| | ZWB | | | | | | | |
| 6.3.1.1 | Kittschnur einlegen | m | 1,5 | 1,3 | 1,3 | 1,1 | 1,0 | 2,0 |
| | ZWB | | | | | | | |

➡ *Deckunterlagen-Unterkonstruktionen (6.2)*
➡ *Neueindeckung (6.3)*

| 6 | Faserzementgebundene Wellplatten-Deckungen | | Zeitwerte in Minuten | | | | | |
|---|---|---|---|---|---|---|---|---|
| **Nr.** | **Kurztext-Ausführung** | **Einheit** | **Einfamilien- bis Mehrfamilienhaus** | **Wohnblöcke, Verwaltungsgebäude** | **Hallen** bis 500 m² | **Hallen** 500–1000 m² | **Hallen** über 1000 m² | **Garagen, sonstige Kleinflächen** |
| 6.3.2 | Standarddeckungen Profil 5 + 8 auf Stahlpfetten mit selbstschneidenden Stahlschrauben, Wellplattenlängen überwiegend 2.500 mm, mit vorgefertigtem Eckenschnitt, eindecken | m² | 13,0 | 11,0 | 11,0 | 10,5 | 10,0 | 15,0 |
| | ZWB | | | | | | | |
| 6.3.3 | Kurzwellplatten eindecken | m² | 15,0 | 13,0 | 13,0 | 12,5 | 12,0 | 17,0 |
| | ZWB | | | | | | | |
| **6.4** | **Zusatzarbeiten und Details bei der Flächenneueindeckung zur jeweiligen Deckung als Mehrzeiten** | | | | | | | |
| **6.4.1** | **Zusatzbefestigung im Randbereich geschraubt** | | | | | | | |
| 6.4.1.1 | auf Holzunterkonstruktion | Stück | 1,5 | 1,5 | 1,5 | 1,5 | 1,5 | 1,5 |
| | ZWB | | | | | | | |
| 6.4.1.2 | auf Stahlunterkonstruktion | Stück | 2,5 | 2,5 | 2,5 | 2,5 | 2,5 | 2,5 |
| | ZWB | | | | | | | |
| **6.4.2** | **Verlegung auf Wärmedämmplatten mit Distanzstreifen** | m² | 4,0 | 3,0 | 3,0 | 2,5 | 2,0 | 5,5 |
| | ZWB | | | | | | | |
| **6.4.3** | **Traufenzahnleisten** anbringen auf Holzunterkonstruktion | m | 6,5 | 5,5 | 5,5 | 5,2 | 5,0 | 8,5 |
| | ZWB | | | | | | | |
| **6.4.4** | **Traufenfußstücke anbringen** | | | | | | | |
| 6.4.4.1 | auf Holzunterkonstruktion | m | 4,0 | 3,5 | 3,5 | 3,2 | 3,0 | 5,0 |
| | ZWB | | | | | | | |


➡ *Neueindeckung (6.3)*
➡ *Mehrzeiten für Details (6.4)*

| 6 | Faserzementgebundene Wellplatten-Deckungen | | Zeitwerte in Minuten | | | | | |
|---|---|---|---|---|---|---|---|---|
| Nr. | Kurztext-Ausführung | Einheit | Einfamilien- bis Mehrfamilienhaus | Wohnblöcke, Verwaltungsgebäude | Hallen bis 500 m² | Hallen 500–1000 m² | Hallen über 1000 m² | Garagen, sonstige Kleinflächen |
| 6.4.4.2 | auf Stahlunterkonstruktion | m | 4,0 | 3,5 | 3,5 | 3,2 | 3,0 | 5,0 |
| | ZWB | | | | | | | |
| **6.4.5** | **Wellfirsthauben, zweiteilig** verlegen | | | | | | | |
| 6.4.5.1 | auf Holzunterkonstruktion | m | 20,0 | 18,0 | 18,0 | 17,0 | 16,0 | 22,0 |
| | ZWB | | | | | | | |
| 6.4.5.2 | auf Stahlunterkonstruktion | m | 23,0 | 21,0 | 21,0 | 20,0 | 19,0 | 25,0 |
| | ZWB | | | | | | | |
| **6.4.6** | **Lüfterfirst, mehrteilig, komplett montiert** | | | | | | | |
| 6.4.6.1 | auf Holzunterkonstruktion | m | 41,5 | 40,0 | 40,0 | 38,0 | 36,0 | 52,5 |
| | ZWB | | | | | | | |
| 6.4.6.2 | auf Stahlunterkonstruktion | m | 46,5 | 45,0 | 45,0 | 43,0 | 41,0 | 57,5 |
| | ZWB | | | | | | | |
| **6.4.7** | **Wellpulthauben** | | | | | | | |
| 6.4.7.1 | auf Holzunterkonstruktion | m | 15,0 | 14,0 | 14,0 | 13,0 | 12,5 | 20,0 |
| | ZWB | | | | | | | |
| 6.4.7.2 | auf Stahlunterkonstruktion | m | 17,0 | 16,0 | 16,0 | 15,0 | 14,5 | 22,0 |
| | ZWB | | | | | | | |
| **6.4.8** | **Grateindeckung, beidseitig, mit Gratkappe** | | | | | | | |
| 6.4.8.1 | auf Holzunterkonstruktion | m | 60,0 | 58,0 | 58,0 | 56,0 | 54,0 | 65,0 |
| | ZWB | | | | | | | |

*Mehrzeiten für Details (6.4)*

| 6 | Faserzementgebundene Wellplatten-Deckungen | | Zeitwerte in Minuten | | | | | |
|---|---|---|---|---|---|---|---|---|
| **Nr.** | **Kurztext-Ausführung** | **Einheit** | **Einfamilien- bis Mehrfamilienhaus** | **Wohnblöcke, Verwaltungsgebäude** | **Hallen** bis 500 m² | **Hallen** 500–1000 m² | **Hallen** über 1000 m² | **Garagen, sonstige Kleinflächen** |
| 6.4.8.2 | auf Stahlunterkonstruktion | m | 65,0 | 63,0 | 63,0 | 61,0 | 59,0 | 70,0 |
| | ZWB | | | | | | | |
| **6.4.9** | **Maueranschlussstück** | | | | | | | |
| 6.4.9.1 | auf Holzunterkonstruktion | m | 15,0 | 14,0 | 14,0 | 13,0 | 12,5 | 20,0 |
| | ZWB | | | | | | | |
| 6.4.9.2 | auf Stahlunterkonstruktion | m | 17,0 | 16,0 | 16,0 | 15,0 | 14,5 | 22,0 |
| | ZWB | | | | | | | |
| **6.4.10** | **Wellübergangshaube** | | | | | | | |
| 6.4.10.1 | auf Holzunterkonstruktion | m | 15,0 | 14,0 | 14,0 | 13,0 | 12,5 | 20,0 |
| | ZWB | | | | | | | |
| 6.4.10.2 | auf Stahlunterkonstruktion | m | 17,0 | 16,0 | 16,0 | 15,0 | 14,5 | 22,0 |
| | ZWB | | | | | | | |
| **6.4.11** | **Giebelwinkel, glatt** | | | | | | | |
| 6.4.11.1 | auf Holzunterkonstruktion | m | 20,0 | 18,0 | 18,0 | 17,0 | 16,0 | 22,0 |
| | ZWB | | | | | | | |
| 6.4.11.2 | auf Stahlunterkonstruktion | m | 23,0 | 21,0 | 21,0 | 20,0 | 19,0 | 25,0 |
| | ZWB | | | | | | | |
| **6.4.12** | **Wellfenster einbauen** | Stück | 30,0 | 30,0 | 30,0 | 30,0 | 30,0 | 30,0 |
| | ZWB | | | | | | | |
| **6.4.13** | **Lichtwellplatten** eindecken | | | | | | | |

| 6 | Faserzementgebundene Wellplatten-Deckungen | | Zeitwerte in Minuten | | | | | |
|---|---|---|---|---|---|---|---|---|
| **Nr.** | **Kurztext-Ausführung** | **Einheit** | **Einfamilien- bis Mehrfamilienhaus** | **Wohnblöcke, Verwaltungs-gebäude** | **Hallen** bis 500 m² | **Hallen** 500–1000 m² | **Hallen** über 1000 m² | **Garagen, sonstige Kleinflächen** |
| 6.4.13.1 | einschalig | m² | 8,0 | 8,0 | 8,0 | 8,5 | 9,0 | 11,0 |
| | ZWB | | | | | | | |
| 6.4.13.2 | doppelschalig | m² | 10,0 | 10,0 | 10,0 | 10,5 | 11,0 | 13,0 |
| | ZWB | | | | | | | |
| **6.4.14** | **Dachentlüfter mit Ausschnitt** einbauen | Stück | 30,0 | 30,0 | 30,0 | 30,0 | 30,0 | 30,0 |
| | ZWB | | | | | | | |
| **6.4.15** | **Wellkranz mit Lichtkuppel komplett ohne Wechsel einbauen** | Stück | 70,0 | 70,0 | 70,0 | 70,0 | 70,0 | – |
| | ZWB | | | | | | | |
| **6.4.16** | **Hauptkehlen** – beidseitig eindecken | m | 30,0 | 30,0 | 30,0 | 30,0 | 30,0 | 30,0 |
| | ZWB | | | | | | | |
| **6.4.17** | **Wandanschluss** – einseitig eindecken | m | 18,0 | 18,0 | 18,0 | 18,0 | 18,0 | 18,0 |
| | ZWB | | | | | | | |
| **6.4.18** | **Dunstrohrstutzen** bis 20 cm ∅, einbauen | Stück | 40,0 | 40,0 | 40,0 | 40,0 | 40,0 | 40,0 |
| | ZWB | | | | | | | |
| **6.4.19** | **Entlüfter**, rund, quadratisch oder rechteckig, bis 50 cm ∅, einbauen | Stück | 120,0 | 120,0 | 120,0 | 120,0 | 120,0 | 120,0 |
| | ZWB | | | | | | | |

➡ *Mehrzeiten für Details (6.4)*

| 6 | Faserzementgebundene Wellplatten-Deckungen | | Zeitwerte in Minuten | | | | | |
|---|---|---|---|---|---|---|---|---|
| Nr. | Kurztext-Ausführung | Einheit | Einfamilien- bis Mehrfamilienhaus | Wohnblöcke, Verwaltungsgebäude | Hallen bis 500 m² | Hallen 500–1000 m² | Hallen über 1000 m² | Garagen, sonstige Kleinflächen |
| 6.4.20 | **Traufen-Lüftungskamm** einbauen | m | 3,0 | 2,8 | 2,0 | 2,5 | 2,2 | 4,0 |
| | ZWB | | | | | | | |

# 7 Außenwandbekleidungen

| 7 | Außenwandbekleidungen | | Zeitwerte in Minuten | | | | | | |
|---|---|---|---|---|---|---|---|---|---|
| Nr. | Kurztext-Ausführung | Einheit | Einfamilien- bis Mehrfamilienhaus | Wohnblöcke, Verwaltungs-gebäude | Kleinflächen: Gauben | Kleinflächen: Schornsteine, zweischalig | Hallen: bis 500 m² | Hallen: 500–1000 m² | Hallen: über 1000 m² |
| | *Nachfolgende Zeitwerte gelten für die jeweils angegebenen Maße/Größen/Abmessungen und Befestigungen nach Vorschrift. Bei Änderungen sind die Zeitwerte entsprechend anzupassen.* | | | | | | | | |
| **7.1** | **Unterkonstruktionen** | | | | | | | | |
| **7.1.1** | **Konterlattung** | | | | | | | | |
| 7.1.1.1 | Konterlattung anbringen, 4/6 cm, bis 2,0 m/m² | m² | 16,0 | 14,0 | 22,0 | 27,0 | 14,0 | 13,0 | 13,0 |
| | ZWB | | | | | | | | |
| 7.1.1.2 | Kanthölzer anbringen, 6/8 cm bis 8/10 cm, bis 2,0 m/m² | m² | 18,0 | 16,0 | 24,0 | 30,0 | 16,0 | 15,0 | 15,0 |
| | ZWB | | | | | | | | |
| **7.1.2** | **Lattung** | | | | | | | | |
| 7.1.2.1 | Traglattung 3/5 bzw. bis 3/7 cm anbringen, Lattweite 25 cm | m² | 16,0 | 14,5 | 40,0 | 40,0 | 14,5 | 13,0 | 13,0 |
| | ZWB | | | | | | | | |
| 7.1.2.2 | Traglattung 3/5 bzw. bis 3/7 cm anbringen, Lattweite 15 cm | m² | 27,0 | 24,0 | 50,0 | 50,0 | 24,0 | 22,0 | 22,0 |
| | ZWB | | | | | | | | |
| 7.1.2.3 | Traglattung 24/48 mm anbringen, Lattweite 25 cm | m² | 15,0 | 13,5 | 38,0 | 38,0 | 13,5 | 12,0 | 12,0 |
| | ZWB | | | | | | | | |
| 7.1.2.4 | Traglattung 24/48 mm anbringen, Lattweite 15 cm | m² | 25,0 | 22,5 | 47,0 | 47,0 | 22,5 | 20,5 | 20,5 |
| | ZWB | | | | | | | | |

| 7 | Außenwandbekleidungen | | Zeitwerte in Minuten | | | | | | |
|---|---|---|---|---|---|---|---|---|---|
| Nr. | Kurztext-Ausführung | Einheit | Einfamilien- bis Mehrfamilienhaus | Wohnblöcke, Verwaltungsgebäude | Kleinflächen | | Hallen | | |
| | | | | | Gauben | Schornsteine, zweischalig | bis 500 m² | 500–1000 m² | über 1000 m² |
| **7.1.3** | **Schalung** | | | | | | | | |
| 7.1.3.1 | Schalung 24 mm, mindestens 12 cm breit, anbringen | m² | 28,0 | 25,0 | 40,0 | 40,0 | 25,0 | 23,0 | 23,0 |
| | ZWB | | | | | | | | |
| **7.1.4** | **Unterkonstruktion aus Aluminium** | | | | | | | | |
| 7.1.4.1 | Unterkonstruktion aus Aluminium anbringen (Typenstatik), (Distanzhalter senkrechte Profile) | m | 18,0 | 16,0 | – | – | 16,0 | 15,0 | 15,0 |
| | ZWB | | | | | | | | |
| 7.1.4.2 | Unterkonstruktion aus Aluminium anbringen (waagerechte Profile) | m | 8,0 | 7,0 | – | – | 7,0 | 6,5 | 6,5 |
| | ZWB | | | | | | | | |
| 7.1.4.3 | Z-Profile für Profilbleche | m | 14,0 | 12,0 | – | – | 12,0 | 11,0 | 11,0 |
| | ZWB | | | | | | | | |
| 7.1.4.4 | C-Kassette mit Dämmung montieren | m² | 30,0 | 25,0 | – | – | 25,0 | 23,0 | 23,0 |
| | ZWB | | | | | | | | |
| **7.2** | **Dämmung** | | | | | | | | |
| 7.2.1 | vollflächig verkleben | m² | 17,5 | 15,5 | 27,5 | 32,5 | 15,5 | 15,0 | 15,0 |
| | ZWB | | | | | | | | |
| 7.2.2 | streifenförmig verkleben | m² | 11,5 | 10,0 | 21,0 | 25,0 | 10,0 | 9,5 | 9,5 |
| | ZWB | | | | | | | | |
| 7.2.3 | mit Plattenanker anbringen bis 5 Stück/m² | m² | 13,0 | 12,0 | 23,0 | 27,0 | 12,0 | 11,0 | 11,0 |
| | ZWB | | | | | | | | |

➡ *Unterkonstruktionen (7.1)*
➡ *Dämmung (7.2)*

| 7 | Außenwandbekleidungen | | Zeitwerte in Minuten | | | | | | |
|---|---|---|---|---|---|---|---|---|---|
| Nr. | Kurztext-Ausführung | Einheit | Einfamilien- bis Mehrfamilienhaus | Wohnblöcke, Verwaltungs-gebäude | Kleinflächen | | Hallen | | |
| | | | | | Gauben | Schornsteine, zweischalig | bis 500 m² | 500–1000 m² | über 1000 m² |
| **7.3** | **Außenwandbekleidungen** | | | | | | | | |
| **7.3.1** | **mit Faserzement** | | | | | | | | |
| **7.3.1.1** | **Waagerechte Deckung** | | | | | | | | |
| 7.3.1.1.1 | 20/20 cm eindecken | m² | 65,0 | – | 90,0 | 90,0 | – | – | – |
| | ZWB | | | | | | | | |
| 7.3.1.1.2 | 30/15 cm eindecken | m² | 60,0 | – | 85,0 | 85,0 | – | – | – |
| | ZWB | | | | | | | | |
| 7.3.1.1.3 | 30/20 cm eindecken | m² | 40,0 | – | 60,0 | 60,0 | – | – | – |
| | ZWB | | | | | | | | |
| 7.3.1.1.4 | 40/20 cm eindecken | m² | 35,0 | – | 50,0 | 50,0 | – | – | – |
| | ZWB | | | | | | | | |
| 7.3.1.1.5 | 60/30 cm eindecken | m² | 20,0 | 19,0 | – | 38,0 | 19,0 | 19,0 | 19,0 |
| | ZWB | | | | | | | | |
| **7.3.1.2** | **Deutsche Deckung** | | | | | | | | |
| 7.3.1.2.1 | 20/20 cm eindecken | m² | 65,0 | – | 90,0 | 90,0 | – | – | – |
| | ZWB | | | | | | | | |
| 7.3.1.2.2 | 30/30 cm eindecken | m² | 35,0 | – | 50,0 | 50,0 | 32,0 | 32,0 | 32,0 |
| | ZWB | | | | | | | | |
| 7.3.1.3 | Stülpdeckung mit Spließen 60/30 cm eindecken | m² | 24,0 | 22,0 | – | 45,0 | 22,0 | 22,0 | 22,0 |
| | ZWB | | | | | | | | |

| 7 | Außenwandbekleidungen | | Zeitwerte in Minuten | | | | | | |
|---|---|---|---|---|---|---|---|---|---|
| Nr. | Kurztext-Ausführung | Einheit | Einfamilien- bis Mehrfamilienhaus | Wohnblöcke, Verwaltungsgebäude | Kleinflächen | | Hallen | | |
| | | | | | Gauben | Schornsteine, zweischalig | bis 500 m² | 500–1000 m² | über 1000 m² |
| **7.3.1.4** | **Doppeldeckung** | | | | | | | | |
| 7.3.1.4.1 | 20/40 cm eindecken | m² | 65,0 | 62,0 | 95,0 | 95,0 | – | – | – |
| | ZWB | | | | | | | | |
| 7.3.1.4.2 | 30/30 cm eindecken | m² | 60,0 | 57,0 | 90,0 | 90,0 | – | – | – |
| | ZWB | | | | | | | | |
| 7.3.1.4.3 | 40/40 cm eindecken | m² | 38,0 | 35,0 | 60,0 | 60,0 | – | – | – |
| | ZWB | | | | | | | | |
| 7.3.1.4.4 | 30/60 cm eindecken | m² | 33,0 | 30,0 | – | – | – | – | – |
| | ZWB | | | | | | | | |
| **7.3.1.5** | **Ebene Tafeln** | | | | | | | | |
| 7.3.1.5.1 | 41,5/125 cm oder 62,5/83 cm montieren | m² | 32,0 | 30,0 | – | – | 30,0 | 28,0 | 28,0 |
| | ZWB | | | | | | | | |
| 7.3.1.5.2 | Ebene Tafeln, großformatig, 1,25/2,50 cm montieren | m² | – | 28,0 | – | 60,0 | 28,0 | 26,0 | 26,0 |
| | ZWB | | | | | | | | |
| 7.3.1.5.3 | Ebene Tafeln, großformatig, montieren auf Alu-Unterkonstruktion, genietet | m² | – | 26,0 | – | 58,0 | 26,0 | 24,0 | 24,0 |
| | ZWB | | | | | | | | |

| 7 | Außenwandbekleidung | | Zeitwerte in Minuten | | |
|---|---|---|---|---|---|
| **Nr.** | **Kurztext-Ausführung** | **Einheit** | **Einfamilien- bis Mehrfamilienhaus** | **Wohnblöcke, Verwaltungsgebäude** | **Kleinflächen** |
| **7.3.2** | **mit Schiefer (Neueindeckungen)** | | | | |
| **7.3.2.1** | **Altdeutsche Deckung** | | | | |
| 7.3.2.1.1 | 1/16 normaler Hieb | $m^2$ | 70,0 | 77,0 | – |
| | ZWB | | | | |
| 7.3.2.1.2 | 1/32 normaler Hieb | $m^2$ | 90,0 | 96,0 | – |
| | ZWB | | | | |
| 7.3.2.1.3 | 1/64 normaler Hieb | $m^2$ | 120,0 | 130,0 | – |
| | ZWB | | | | |
| | ***Scharfer Hieb:*** *Zuschlag von 10 bis 15% auf die Werte für normalen Hieb. Vorgenannte Zeitwerte gelten bei Anwendung der Mindestüberdeckungen und -befestigungen.* | | | | |
| **7.3.2.2** | **Schuppendeckung** | | | | |
| 7.3.2.2.1 | Schuppenmaß 24/21 cm, gelocht | $m^2$ | 80,0 | 86,5 | – |
| | ZWB | | | | |
| 7.3.2.2.2 | Schuppenmaß 22/18 cm, gelocht | $m^2$ | 90,0 | 96,0 | – |
| | ZWB | | | | |
| 7.2.2.2.3 | Schuppenmaß 20/15 cm, gelocht | $m^2$ | 100,0 | 105,5 | – |
| | ZWB | | | | |
| **7.3.2.3** | **Deutsche Deckung mit Bogenschnitt** | | | | |
| 7.3.2.3.1 | Schiefergröße 25/25 cm, gelocht | $m^2$ | 60,0 | 67,0 | – |
| | ZWB | | | | |

| 7 | Außenwandbekleidung | | Zeitwerte in Minuten | | |
|---|---|---|---|---|---|
| **Nr.** | **Kurztext-Ausführung** | **Einheit** | **Einfamilien- bis Mehrfamilienhaus** | **Wohnblöcke, Verwaltungsgebäude** | **Kleinflächen** |
| 7.3.2.3.2 | Schiefergröße 20/20 cm, gelocht | m² | 80,0 | 86,5 | – |
| | ZWB | | | | |
| **7.3.2.4** | **Rechteckdoppeldeckung** | | | | |
| 7.3.2.4.1 | Schiefergröße 40/25 cm, ungelocht, Nagelbefestigung | m² | 80,0 | 86,5 | – |
| | ZWB | | | | |
| 7.3.2.4.2 | Schiefergröße 30/20 cm, ungelocht, Nagelbefestigung | m² | 100,0 | 105,5 | – |
| | ZWB | | | | |
| 7.3.2.4.3 | Schiefergröße 40/25 cm, Klammerbefestigung | m² | 60,0 | 67,0 | – |
| | ZWB | | | | |
| 7.3.2.4.4 | Schiefergröße 30/20 cm, Klammerbefestigung | m² | 90,0 | 96,0 | – |
| | ZWB | | | | |
| **7.3.2.5** | **Gezogene Rechteckdoppeldeckung** | | | | |
| 7.3.2.5.1 | Schiefergröße 40/25 cm, Klammerbefestigung | m² | 25,0 | 33,5 | – |
| | ZWB | | | | |
| 7.3.2.5.2 | Schiefergröße 30/20 cm, Klammerbefestigung | m² | 30,0 | 38,5 | – |
| | ZWB | | | | |
| **7.3.2.6** | **Waagerechte Deckung** | | | | |
| 7.3.2.6.1 | Schiefergröße 40/25 cm, ungelocht, Nagelbefestigung mit Klammer oder Einschlaghaken | m² | 30,0 | 38,5 | – |
| | ZWB | | | | |

| 7 | **Außenwandbekleidung** | | **Zeitwerte in Minuten** | | |
|---|---|---|---|---|---|
| **Nr.** | **Kurztext-Ausführung** | **Einheit** | **Einfamilien- bis Mehrfamilienhaus** | **Wohnblöcke, Verwaltungsgebäude** | **Kleinflächen** |
| 7.3.2.6.2 | Schiefergröße 30/20 cm, ungelocht, Nagelbefestigung | $m^2$ | 40,0 | 48,0 | – |
| | ZWB | | | | |
| **7.3.2.7** | **Spitzwinkeldeckung** | | | | |
| 7.3.2.7.1 | Schiefergröße 30/20 cm, ungelocht | $m^2$ | 100,0 | 105,5 | – |
| | ZWB | | | | |
| 7.3.2.7.2 | Schiefergröße 26/18 cm, ungelocht | $m^2$ | 120,0 | 130,0 | – |
| | ZWB | | | | |
| **7.3.2.8** | **Wabendeckung** | | | | |
| | Schiefergröße 20/20 cm, gelocht | $m^2$ | 80,0 | 86,5 | – |
| | ZWB | | | | |
| | **Hinweis**: *Kleinflächen wie Pfosten, Lisenen, Spiegel usw. bedürfen eines Zuschlages von 50 bis 100% je nach Größe und Schwierigkeitsgrad.* | | ZWB | ZWB | |
| | *Bei Verwendung anderer Schiefergrößen als den angegebenen verändern sich die angegebenen Zeitwerte nach unten oder oben.* | | | | |
| | **Mehraufwand für Detaildeckungen:** *Es gelten die Zeitwerte für Dacheindeckungen mit Schiefer für z.B. Fußdeckung, Ortdeckung, Firstdeckung, Wandanschlüsse oder Innen- und Außenecken auf Gehrung.* | | | | |
| | *Die Zeitwerte bei Nagelbefestigungen gelten für Befestigung auf **Schalung**. Bei Nagelung auf **nagelbarem Mauerwerk** und Bauplatten erhöhen sich die Zeitwerte wegen der vorgeschriebenen längeren Schiefernägel.* | | | | |

| 7 | Außenwandbekleidung | | Zeitwerte in Minuten | | | | | |
|---|---|---|---|---|---|---|---|---|
| Nr. | Kurztext-Ausführung | Einheit | Einfamilien- bis Mehrfamilienhaus | Wohnblöcke, Verwaltungs-gebäude | Kleinflächen | Hallen bis 500 m² | Hallen 500–1000 m² | Hallen über 1000 m² |
| **7.3.3** | **mit Profilblechen** | | | | | | | |
| 7.3.3.1 | Profilbleche ohne Dämmung | m² | 20,0 | 18,0 | 30,0 | 15,0 | 14,0 | 13,0 |
| | ZWB | | | | | | | |
| 7.3.3.2 | Kassetten mit Dämmung | m² | – | – | 40,0 | 30,0 | 28,0 | 26,0 |
| | ZWB | | | | | | | |
| 7.3.3.3 | Profilbleche mit Dämmung (Sandwich), 60 mm | m² | – | – | 35,0 | 20,0 | 19,0 | 18,0 |
| | ZWB | | | | | | | |
| **7.4** | **Zusatzarbeiten und Details als Mehrzeiten** | | | | | | | |
| 7.4.1 | Einfassungen bis 30 cm herstellen (z.B. Fensterlaibung) | m | 34,0 | 30,0 | 50,0 | 30,0 | 28,0 | 26,0 |
| | ZWB | | | | | | | |
| 7.4.2 | Einfassungen über 30 cm bis 50 cm herstellen | m | 41,0 | 42,5 | 80,0 | 42,5 | 40,0 | 38,0 |
| | ZWB | | | | | | | |
| 7.4.3 | Eckprofil anbringen | m | 5,5 | 5,0 | 6,0 | 5,0 | 5,0 | 5,0 |
| | ZWB | | | | | | | |
| 7.4.4 | Lüftungsprofil an Traufe oder First anbringen | m | 4,5 | 4,5 | 6,0 | 4,5 | 4,5 | 4,5 |
| | ZWB | | | | | | | |
| 7.4.5 | Abschlussprofil anbringen | m | 5,5 | 5,0 | 7,0 | 5,0 | 5,0 | 5,0 |
| | ZWB | | | | | | | |
| 7.4.6 | Sockelprofil anbringen | m | 5,0 | 5,0 | 7,0 | 5,0 | 5,0 | 5,0 |
| | ZWB | | | | | | | |

➡ *Außenwandbekleidung (7.3)*
➡ *Zusatzarbeiten und Details als Mehrzeiten (7.4)*

| 7 | Außenwandbekleidung | | Zeitwerte in Minuten | | | | | |
|---|---|---|---|---|---|---|---|---|
| Nr. | Kurztext-Ausführung | Einheit | Einfamilien- bis Mehrfamilienhaus | Wohnblöcke, Verwaltungsgebäude | Kleinflächen | Hallen bis 500 m² | Hallen 500–1000 m² | Hallen über 1000 m² |
| 7.4.7 | Giebelabschluss durch Zuschnittarbeiten erstellen (Sandwich) | m | 20,0 | 16,0 | 12,0 | 16,0 | 16,0 | 16,0 |
| | ZWB | | | | | | | |
| 7.4.8 | Längs- und Schrägschnitte mit Farbausbesserung herstellen | m | 10,0 | 10,0 | 20,0 | 10,0 | 9,0 | 8,0 |
| | ZWB | | | | | | | |
| 7.4.9 | oberes Abschlussblech verlegen | m | 10,0 | 10,0 | 20,0 | 10,0 | 9,0 | 8,0 |
| | ZWB | | | | | | | |
| 7.4.10 | unteres Abschlussblech zweiseitig verlegen | m | 16,0 | 16,0 | 26,0 | 16,0 | 15,0 | 14,0 |
| | ZWB | | | | | | | |
| 7.4.11 | Eckbleche zweiteilig anbringen | m | 11,0 | 10,0 | 12,0 | 10,0 | 10,0 | 10,0 |
| | ZWB | | | | | | | |

# 8 Bitumenschindeln

| 8 | Bitumenschindeln | | Zeitwerte in Minuten | | | | |
|---|---|---|---|---|---|---|---|
| Nr. | Kurztext-Ausführung | Einheit | Einfamilien- bis Mehrfamilienhaus | Wohnblöcke, Verwaltungsgebäude | Villen | Garagen, sonstige Kleinflächen | Türme |
| **8.1** | **Abriss** | | | | | | |
| 8.1.1 | Bitumenschindeln abreißen | m² | 15,0 | 13,5 | 15,0 | 18,0 | 25,0 |
| | ZWB | | | | | | |
| 8.1.2 | Vorhandene Schalung reinigen, nachnageln | m² | 6,5 | 6,0 | 6,5 | 10,0 | 13,0 |
| | ZWB | | | | | | |
| **8.2** | **Neudeckung** | | | | | | |
| 8.2.1 | Vordeckung, 1 Lage Bitumendachbahn aufbringen bis 35° Dachneigung | m² | 6,0 | 6,0 | 7,2 | 7,5 | 12,0 |
| | ZWB | | | | | | |
| 8.2.2 | über 35° Dachneigung | m² | 9,0 | 9,0 | 11,0 | 11,0 | 15,0 |
| | ZWB | | | | | | |
| 8.2.3 | Bitumenschindeln eindecken | m² | 18,0 | 17,0 | 20,0 | 23,0 | 30,0 |
| | ZWB | | | | | | |
| **8.3** | **Mehrzeiten für Details** | | | | | | |
| 8.3.1 | **Firste** Firsteindeckung aus Schindeln herstellen | m | 11,5 | 11,0 | | 13,0 | 20,0 |
| | ZWB | | | | | | |
| 8.3.2 | **Grate** Grateindeckung aus Schindeln herstellen mit Beischneiden | m | 23,0 | 22,0 | | 24,0 | 35,0 |
| | ZWB | | | | | | |

➡ *Abriss (8.1)*
➡ *Neudeckung (8.2)*
➡ *Mehrzeiten für Details (8.3)*

| 8 | Bitumenschindeln | | Zeitwerte in Minuten | | | | |
|---|---|---|---|---|---|---|---|
| **Nr.** | **Kurztext-Ausführung** | **Einheit** | **Einfamilien- bis Mehrfamilienhaus** | **Wohnblöcke, Verwaltungs-gebäude** | **Villen** | **Garagen, sonstige Kleinflächen** | **Türme** |
| 8.3.3 | **Ortgänge**<br>Anarbeiten der Bitumenschindelndeckung an vorhandenes Ortgangblech | m | 6,0 | 5,0 | 6,0 | 7,0 | 10,0 |
| | ZWB | | | | | | |
| 8.3.4 | **Dachfuß/Traufe**<br>Traufe als erste Ansatzreihe auf vorhandenem Traufblech ausbilden | m | 7,0 | 6,5 | 8,0 | 7,5 | 11,0 |
| | ZWB | | | | | | |
| 8.3.5 | **Kehlen**<br>eingebundene Kehle herstellen | m | 19,0 | 18,0 | 20,0 | 20,0 | 30,0 |
| | ZWB | | | | | | |
| 8.3.6 | Schnitte an Dachrändern und Kehlen | m | 5,0 | 5,0 | 5,0 | 5,0 | 5,0 |
| | ZWB | | | | | | |
| 8.3.7 | Beidecken von Dachdurchgängen an Kleinteile | Stück | 15,0 | 15,0 | 15,0 | 15,0 | 15,0 |
| | ZWB | | | | | | |

# 9 Blitzschutz (äußerer Blitzschutz)

| 9 | Blitzschutz (äußerer Blitzschutz) | | Zeitwerte in Minuten | | | | | |
|---|---|---|---|---|---|---|---|---|
| **Nr.** | **Kurztext-Ausführung** | **Einheit** | **Einfamilien- bis Mehrfamilienhaus** | **Wohnblöcke, Verwaltungs-gebäude** | **Villen** | **Garagen, sonstige Kleinflächen** | **Türme** | **Flachdach-hallen bis 1000 $m^2$** |
| **9.1** | **Auffangleitung mit Stützen anbringen** | | | | | | | |
| 9.1.1 | 8 mm | m | 8,0 | 7,0 | 12,0 | 14,0 | | 6,0 |
| | ZWB | | | | | | | |
| 9.1.2 | 10 mm | m | 12,0 | 11,0 | 16,0 | 18,0 | – | 7,0 |
| | ZWB | | | | | | | |
| **9.2** | **Ableitungen mit Stützen anbringen** | | | | | | | |
| 9.2.1 | Mehrzeit | m | 9,0 | 10,0 | 10,0 | 10,0 | 10,0 | 9,0 |
| | ZWB | | | | | | | |
| **9.3** | **Turmleitungen mit Stützen anbringen** | | | | | | | |
| 9.3.1 | Mehrzeit | m | – | – | – | – | 10,0 | – |
| | ZWB | | | | | | | |
| **9.4** | **Erdleitungen** | | | | | | | |
| 9.4.1 | Band, verzinkt, 30/3,5 mm, verlegen | m | 6,0 | 6,0 | 6,0 | 7,0 | 6,0 | 6,0 |
| | ZWB | | | | | | | |
| 9.4.2 | Rundleiter 10 mm | m | 6,0 | 6,0 | 6,0 | 7,0 | 6,0 | 6,0 |
| | ZWB | | | | | | | |
| **0.5** | **Erdarbeiten** | | | | | | | |
| 9.5.1 | Graben ausheben, 50 cm einschl. verfüllen, normaler Boden | m | 25,0 | 25,0 | 25,0 | 25,0 | 25,0 | 25,0 |
| | ZWB | | | | | | | |


➡ *Auffangleitung mit Stützen anbringen (9.1)*
➡ *Ableitungen mit Stützen anbringen (9.2)*
➡ *Turmleitungen mit Stützen anbringen (9.3)*
➡ *Erdleitungen (9.4)*
➡ *Erdarbeiten (9.5)*

| 9 | Blitzschutz (äußerer Blitzschutz) | | Zeitwerte in Minuten | | | | | |
|---|---|---|---|---|---|---|---|---|
| **Nr.** | **Kurztext-Ausführung** | **Einheit** | **Einfamilien- bis Mehrfamilienhaus** | **Wohnblöcke, Verwaltungsgebäude** | **Villen** | **Garagen, sonstige Kleinflächen** | **Türme** | **Flachdachhallen bis 1000 m²** |
| 9.5.2 | schwerer Boden auf Zeitnachweis | Std. | – | – | – | – | – | – |
| | ZWB | | | | | | | |
| **9.6** | **Fugen stemmen und verschließen** | | | | | | | |
| 9.6.1 | Mauerwerk | m | 20,0 | 20,0 | 20,0 | 22,0 | 20,0 | 20,0 |
| | ZWB | | | | | | | |
| 9.6.2 | Beton | m | 27,0 | 27,0 | 27,0 | 29,0 | 27,0 | 27,0 |
| | ZWB | | | | | | | |
| **9.7** | **Einzelstücke** | | | | | | | |
| 9.7.1 | Erdeinführungen herstellen | Stück | 25,0 | 25,0 | 25,0 | 28,0 | 25,0 | |
| | ZWB | | | | | | | |
| 9.7.2 | Eckverbinder anbringen | Stück | 6,0 | 6,0 | 6,0 | 7,0 | 6,0 | 6,0 |
| | ZWB | | | | | | | |
| 9.7.3 | Trennstücke anbringen | Stück | 3,0 | 3,0 | 3,0 | 4,0 | 3,0 | 3,0 |
| | ZWB | | | | | | | |
| 9.7.4 | Rohrschellenanschlüsse anbringen | Stück | 6,0 | 6,0 | 6,0 | 6,0 | 5,0 | 5,0 |
| | ZWB | | | | | | | |
| 9.7.5 | Auffangspitzen anbringen | Stück | 7,0 | 7,0 | 7,0 | 7,0 | 7,0 | 7,0 |
| | ZWB | | | | | | | |
| 9.7.6 | Betonstützen anbringen | Stück | 7,0 | 7,0 | 7,0 | 7,0 | – | 7,0 |
| | ZWB | | | | | | | |

➡ *Erdarbeiten (9.5)*
➡ *Fugen stemmen und verschließen (9.6)*
➡ *Einzelstücke (9.7)*

| 9 | Blitzschutz (äußerer Blitzschutz) | | Zeitwerte in Minuten | | | | | |
|---|---|---|---|---|---|---|---|---|
| **Nr.** | **Kurztext-Ausführung** | **Einheit** | **Einfamilien- bis Mehrfamilienhaus** | **Wohnblöcke, Verwaltungsgebäude** | **Villen** | **Garagen, sonstige Kleinflächen** | **Türme** | **Flachdachhallen bis 1000 m²** |
| 9.7.7 | Mauerschelle anbringen | Stück | 5,0 | 6,0 | 5,0 | 6,0 | 6,0 | 6,0 |
| | ZWB | | | | | | | |
| 9.7.8 | Kaminstangen anbringen | Stück | 15,0 | 18,0 | 18,0 | 16,0 | – | 15,0 |
| | ZWB | | | | | | | |
| 9.7.9 | Antennenanschluss anbringen | Stück | 12,0 | 12,0 | 13,0 | 13,0 | – | 12,0 |
| | ZWB | | | | | | | |
| 9.7.10 | Dachständeranschluss anbringen | Stück | 12,0 | 12,0 | 13,0 | 13,0 | – | 12,0 |
| | ZWB | | | | | | | |
| 9.7.11 | Wasseranschlüsse herstellen | Stück | 11,0 | 11,0 | 11,0 | – | – | 11,0 |
| | ZWB | | | | | | | |
| 9.7.12 | Dachrinnenklemmen anbringen | Stück | 6,0 | 6,0 | 7,0 | 8,0 | 7,0 | 6,0 |
| | ZWB | | | | | | | |
| 9.7.13 | Schneefangklemmen anbringen | Stück | 6,0 | 6,0 | 7,0 | 8,0 | 7,0 | – |
| | ZWB | | | | | | | |
| 9.7.14 | Falzklemmen anbringen | Stück | 6,0 | 6,0 | 7,0 | 8,0 | 7,0 | 6,0 |
| | ZWB | | | | | | | |
| 9.7.15 | Kabelschuhe anbringen | Stück | 6,0 | 6,0 | 7,0 | 8,0 | 7,0 | 6,0 |
| | ZWB | | | | | | | |
| 9.7.16 | Kreuzklemmen anbringen | Stück | 6,0 | 6,0 | 7,0 | 8,0 | 7,0 | 6,0 |
| | ZWB | | | | | | | |

| 9 | Blitzschutz (äußerer Blitzschutz) | | Zeitwerte in Minuten | | | | | |
|---|---|---|---|---|---|---|---|---|
| **Nr.** | **Kurztext-Ausführung** | **Einheit** | **Einfamilien- bis Mehrfamilienhaus** | **Wohnblöcke, Verwaltungs-gebäude** | **Villen** | **Garagen, sonstige Kleinflächen** | **Türme** | **Flachdach-hallen bis 1000 m²** |
| 9.7.17 | Funkenstrecken einbauen | Stück | 15,0 | 15,0 | 20,0 | 16,0 | 20,0 | 15,0 |
| | ZWB | | | | | | | |
| 9.7.18 | Wasseruhrüberbrückung herstellen | Stück | 25,0 | 25,0 | 25,0 | -- | – | 25,0 |
| | ZWB | | | | | | | |
| **9.8** | **Prüfen** | | | | | | | |
| 9.8.1 | Grundgebühr | Stück | 100,0 | 100,0 | 100,0 | – | 100,0 | 100,0 |
| | ZWB | | | | | | | |
| 9.8.2 | pro Abgang, prüfen | Stück | 15–30 | 15–30 | 15–30 | – | 15–30 | 15–30 |
| | ZWB | | | | | | | |
| **9.9** | **Zeichnungen** | | | | | | | |
| 9.9.1 | Prüfbuch führen | Stück | 120,0 | 120,0 | 120,0 | – | 120,0 | 120,0 |
| | ZWB | | | | | | | |
| **9.10** | **Abnahmeverhandlungen** | | | | | | | |
| 9.10.1 | nach Zeitaufwand | Std. | | | | | | |
| | ZWB | | | | | | | |
| 9.10.2 | Pauschale | pauschal | | | | | | |
| | ZWB | | | | | | | |
| **9.11** | **Prüfungsabnahme nach Zeitaufwand** | | | | | | | |
| 9.11.1 | durch zugelassene Revisoren, z.B. Technischen Überwachungsverein, nach deren Gebührensätzen | pauschal | | | | | | |
| | ZWB | | | | | | | |

- *Einzelstücke (9.7)*
- *Prüfen (9.8)*
- *Zeichnungen (9.9)*
- *Abnahmeverhandlungen (9.10)*
- *Prüfungsabnahme nach Zeitaufwand (9.11)*

# 10 Dachgeschossausbau

| 10 | Dachgeschossausbau | | | |
|---|---|---|---|---|
| **Nr.** | **Kurztext-Ausführung** | **Einheit** | **Zeitwert in Minuten** | **ZWB** |
| **10.1** | **von innen** | | | |
| 10.1.1 | Wärmedämmung (Mineralwolle) anbringen | m² | 20,0 | |
| 10.1.2 | Sparrenaufdoppelung, 2 bis 6 cm, zur Erhöhung des Querschnitts herstellen | m | 6,0 | |
| 10.1.3 | Fugenabdeckbänder auf Überlappungen und Anschlüsse kleben | m | 4,0 | |
| 10.1.4 | PE-Folie auftackern und Nähte verkleben | m² | 6,0 | |
| 10.1.5 | Randanschlüsse luftdicht verkleben | m | 6,0 | |
| 10.1.6 | Randanschlüsse luftdicht verleisten | m | 10,0 | |
| 10.1.7 | Randanschlüsse mit Dichtband und verdübelter Leiste anpressen auf Mauerwerk und ähnlichen Untergrund | m | 14,0 | |
| 10.1.8 | Sparschalung anbringen | m² | 25,0 | |
| 10.1.9 | Gipskartonplatten anbringen | m² | 40,0 | |
| 10.1.10 | Gipskartonplatten doppelt anbringen | m² | 60,0 | |
| 10.1.11 | Profilbretter, ca. 10 cm breit, anbringen | m² | 50,0 | |
| **10.2** | **von außen** | | | |
| 10.2.1 | Profilschalung, gehobelt, bis 30° Dachneigung, anbringen | m² | 32,0 | |
| 10.2.2 | Profilschalung, gehobelt, über 30° Dachneigung, verlegen | m² | 35,0 | |
| 10.2.3 | Dachbahnvordeckung, bis 30° Dachneigung, verlegen | m² | 7,0 | |
| 10.2.4 | Dachbahnvordeckung, über 30° Dachneigung, verlegen | m² | 10,0 | |
| 10.2.5 | Verstärkungsbohlen hochkant seitlich verschrauben, bis 30° Dachneigung | m | 10,0 | |

➡ *von innen (10.1)*
➡ *von außen (10.2)*

| 10 | Dachgeschossausbau | | | |
|---|---|---|---|---|
| **Nr.** | **Kurztext-Ausführung** | **Einheit** | **Zeitwert in Minuten** | **ZWB** |
| 10.2.6 | Verstärkungsbohlen hochkant seitlich verschrauben, über 30° Dachneigung | m | 12,0 | |
| 10.2.7 | Konterlattenm bis 80 x 40 cm, zur Aufdopplung verlegen | m | 4,0 | |
| 10.2.8 | Stützhölzer zwischen den Sparren, 40 bis 100 cm lang, im Traufbereich befestigen | Stück | 12,0 | |
| 10.2.9 | Dampfsperre einbauen | | | |
| 10.2.9.1 | Dampfsperre zwischen den Sparren bis Oberkante Sparren verlegen und befestigen | $m^2$ | 12,0 | |
| 10.2.9.2 | Dampfsperre mit variablen Sperrwert schlaufenförmig über den Sparren verlegen und befestigen | $m^2$ | 8,0 | |
| 10.2.10 | Wärmedämmung aus Faserdämmstoffen zwischen den Sparren auf vorhandener Dampfsperre einbauen | $m^2$ | 6,0 | |
| 10.2.11 | Wärmedämmung Hartschaumplatten als Aufsparrendämmung verlegen (Systemabhängig 6-18 Minuten) | $m^2$ | 6,0-18,0 | |

➡ *von außen (10.2)*

# 11 Metallarbeiten und Entwässerung

| 11 | Metallarbeiten und Entwässerung | |
|---|---|---|
| **Nr.** | **Kurztext-Ausführung** | |
| **11.0** | **Allgemeine Hinweise:** | |
| 11.0.1 | **Grundlage für die Ausführung von Metallarbeiten**<br>sind die „Regel für Metallarbeiten im Dachdeckerhandwerk" und die DIN 18339 (Klempnerarbeiten) nach ihrem jeweils neuesten Stand.<br><br>**Metallgewichte**<br>bei 1,0 mm Dicke mit Toleranzen pro $m^2$ | Alu 2,7 kg   Kupfer 9,0 kg<br>Zink 7,0 kg   Blei 11,3 kg<br>verz. Stahl 8,0 kg |
| 11.0.2 | Liefermaße und Bedarf pro $m^2$ | Breite 600 mm 1,17 $m^2$<br>Breite 670 mm 1,16 $m^2$<br>Breite 700 mm 1,15 $m^2$<br>Breite 800 mm 1,14 $m^2$<br>Breite 1000 mm 1,11 $m^2$ |
| 11.0.3 | **Befestigungsmaterial**<br>Stück pro kg<br><br>Verzinkte Schieferstifte 28/35<br>Blanke Drahtnägel 31/65<br>Verzinkte Drahtnägel 31/65<br>Blanke Drahtnägel 34/80<br>Blanke Drahtnägel 34/100<br>Verzinkte Drahtnägel 34/100<br>Blanke Pappstifte 25/25<br>Verzinkte Pappstifte 25/25 | <br><br><br>400 Stück<br>240 Stück<br>220 Stück<br>180 Stück<br>160 Stück<br>160 Stück<br>760 Stück<br>625 Stück |

| 11 | Metallarbeiten und Entwässerung | | |
|---|---|---|---|
| **Nr.** | **Kurztext-Ausführung** | | |
| 11.0.4 | **1 m Lötnaht** | | |
| | 250 g Zinn ______ € | | |
| | + 10% Verlust (einschl. Lötwasser) ______ € | | |
| | + Gas 30 g ______ € | | |
| | = Material ______ € | | |
| | + 20% Materialgemeinkosten ______ € | | |
| | **= Materialkosten** ______ € | | |
| | **Lohn** 7 Minuten mal Minutenwert ______ € | | |
| | **Kosten für 1 m Löhtnaht** € | | |
| 11.0.5 | **Zeitwerte in der Werkstatt** | | **ZWB** |
| | Löten | 7–12 Minuten | |
| | Zuschneiden | 2–5 Minuten | |
| | Kanten | 2–5 Minuten | |
| | Wulsten | 3–6 Minuten | |

| 11 | Metallarbeiten und Entwässerung | | Zeitwerte in Minuten | | | | | |
|---|---|---|---|---|---|---|---|---|
| **Nr.** | **Kurztext-Ausführung** | **Einheit** | **Einfamilien- bis Mehrfamilienhaus** | **Wohnblöcke, Verwaltungsgebäude** | **Hallen** | **Kleinflächen** | | **Türme** |
| | | | | | | Gauben | Kamine | |
| **11.1** | **Abriss** ohne Abfuhr und Entsorgung | | | | | | | |
| 11.1.1 | Dachrinne mit Halter abnehmen | m | 7,0 | 6,0 | 5,0 | 10,0 | – | 15,0 |
| | ZWB | | | | | | | |
| 11.1.2 | Fallrohr mit Schelle abnehmen | m | 7,0 | 6,0 | 6,0 | 9,0 | – | 15,0 |
| | ZWB | | | | | | | |
| 11.1.3 | Blechkehle mit Halter abnehmen | m | 7,0 | 5,0 | 5,0 | 9,0 | 9,0 | 12,0 |
| | ZWB | | | | | | | |
| 11.1.4 | Gesimsblech mit Halter abnehmen | m | 7,0 | 6,0 | 6,0 | 10,0 | 10,0 | 15,0 |
| | ZWB | | | | | | | |
| **11.2** | **Metalldeckung, doppelt gefalzt** | | | | | | | |
| 11.2.1 | mit 600er Band herstellen, Scharenbreite 530 mm | m² | 60,0 | 50,0 | 45,0 | 220,0 | 220,0 | 240,0 |
| | ZWB | | | | | | | |
| 11.2.2 | mit 800er Band herstellen, Scharenbreite 720 mm | m² | 50,0 | 40,0 | 38,0 | 200,0 | 200,0 | 220,0 |
| | ZWB | | | | | | | |
| **11.3** | **Tafeldeckung 1000/2000/3000** | | | | | | | |
| 11.3.1 | Scharenbreite bis 420 mm | m² | 85,0 | 80,0 | – | 230,0 | 230,0 | 255,0 |
| | ZWB | | | | | | | |
| 11.3.2 | Scharenbreite bis max. 720 mm | m² | 80,0 | 75,0 | – | 210,0 | 210,0 | 240,0 |
| | ZWB | | | | | | | |
| **11.4** | **Leistendach herstellen, Scharenbreite bis max. 720 mm** | m² | 110,0 | 105,0 | 70,0 | 300,0 | – | – |
| | ZWB | | | | | | | |

- *Abriss (11.1)*
- *Metalldeckung, doppelt gefalzt (11.2)*
- *Tafeldeckung 1000/2000/3000 (11.3)*

| 11 | Metallarbeiten und Entwässerung | | Zeitwerte in Minuten | | | | | |
|---|---|---|---|---|---|---|---|---|
| **Nr.** | **Kurztext-Ausführung** | **Einheit** | **Einfamilien- bis Mehrfamilienhaus** | **Wohnblöcke, Verwaltungs-gebäude** | **Hallen** | **Kleinflächen** Gauben | Kamine | **Türme** |
| **11.5** | **Mehrzeiten für Details** | | | | | | | |
| | 11.2 Metalldeckung, doppelt gefalzt<br>11.3 Tafeldeckung 1000/2000/3000<br>11.4 Leistendach | | | | | | | |
| 11.5.1 | Flächen > 35° Neigung eindecken | m² | 30,0 | 30,0 | 25,0 | 30,0 | – | – |
| | ZWB | | | | | | | |
| 11.5.2 | Blenden etc. eindecken, bis 50 cm Blendenhöhe | m | 60,0 | 50,0 | 40,0 | – | – | – |
| | ZWB | | | | | | | |
| 11.5.3 | Geschweifte oder gestauchte Flächen eindecken, z.B. für Tonnendächer | m² | 150,0 | 150,0 | 150,0 | 150,0 | 150,0 | 250,0 |
| | ZWB | | | | | | | |
| **11.5.4** | **Vorstoßbleche** anbringen | | | | | | | |
| 11.5.4.1 | bis 250 mm Zuschnitt und max. 4 Kantungen | m | 18,0 | 16,0 | 13,0 | 22,0 | 22,0 | 20,0 |
| | ZWB | | | | | | | |
| **11.5.5** | **First** herstellen | | | | | | | |
| 11.5.5.1 | im Falzdach beidseitig aufgestellt und gefalzt | m | 85,0 | 82,0 | 75,0 | 110,0 | – | 160,0 |
| | ZWB | | | | | | | |
| 11.5.5.2 | im Leistendach beidseitig aufgestellt, mit Holzprofil und Kappe | m | 85,0 | 82,0 | 75,0 | 110,0 | – | 160,0 |
| | ZWB | | | | | | | |

➡ *Leistendach (11.4)*
➡ *Mehrzeiten für Details (11.5)*

| 11 | Metallarbeiten und Entwässerung | | Zeitwerte in Minuten | | | | | |
|---|---|---|---|---|---|---|---|---|
| Nr. | Kurztext-Ausführung | Einheit | Einfamilien- bis Mehrfamilienhaus | Wohnblöcke, Verwaltungs-gebäude | Hallen | Kleinflächen Gauben | Kleinflächen Kamine | Türme |
| 11.5.5.3 | im Falzdach beidseitig aufgestellt, entlüftet mit Kappe und Sattelbrett als Lüfterfirst | m | 140,0 | 120,0 | 110,0 | 150,0 | – | 180,0 |
| | ZWB | | | | | | | |
| 11.5.5.4 | im Leistendach beidseitig aufgestellt, entlüftet mit Kappe und Sattelbrett | m | 140,0 | 120,0 | 110,0 | 150,0 | – | 180,0 |
| | ZWB | | | | | | | |
| **11.6** | **Grat herstellen** | | | | | | | |
| 11.6.1 | im Falzdach beidseitig aufgestellt und gefalzt | m | 110,0 | 100,0 | 90,0 | 115,0 | – | 180,0 |
| | ZWB | | | | | | | |
| 11.6.2 | im Leistendach beidseitig aufgestellt, mit Holzprofil und Kappe | m | 110,0 | 100,0 | 90,0 | 115,0 | – | 180,0 |
| | ZWB | | | | | | | |
| 11.6.3 | im Falzdach beidseitig aufgestellt, entlüftet mit Kappe und Sattelbrett als Lüftergrat | m | 175,0 | 150,0 | 100,0 | 135,0 | – | 225,0 |
| | ZWB | | | | | | | |
| 11.6.4 | im Leistendach beidseitig aufgestellt, entlüftet mit Kappe und Sattelbrett | m | 175,0 | 150,0 | 100,0 | 135,0 | – | 225,0 |
| | ZWB | | | | | | | |
| **11.7** | **Traufe einfalzen** | m | 15,0 | 13,0 | 12,0 | 18,0 | – | 20,0 |
| | ZWB | | | | | | | |
| **11.8** | **Wandanschluss anbiegen im Metalldach** | | | | | | | |
| 11.8.1 | seitlich | m | 13,0 | 12,0 | 10,0 | 15,0 | 20,0 | 20,0 |
| | ZWB | | | | | | | |


➡ *Mehrzeiten für Details (11.5)*
➡ *Grat herstellen (11.6)*
➡ *Traufe einsetzen (11.7)*

| 11 | Metallarbeiten und Entwässerung | | Zeitwerte in Minuten | | | | | |
|---|---|---|---|---|---|---|---|---|
| Nr. | Kurztext-Ausführung | Einheit | Einfamilien- bis Mehrfamilienhaus | Wohnblöcke, Verwaltungsgebäude | Hallen | Kleinflächen Gauben | Kleinflächen Kamine | Türme |
| 11.8.2 | firstseitig | m | 40,0 | 40,0 | 40,0 | 50,0 | 60,0 | 60,0 |
| | ZWB | | | | | | | |
| **11.9** | **Kehle im Metalldach verlegen** | | | | | | | |
| 11.9.1 | Kehlblech bis 1 m Zuschnittsbreite einbauen | m | 26,0 | 25,0 | 24,0 | 40,0 | 40,0 | 50,0 |
| | ZWB | | | | | | | |
| 11.9.2 | Kehlblech beidseitig einfach einfalzen | m | 42,0 | 40,0 | 38,0 | 50,0 | 50,0 | 60,0 |
| | ZWB | | | | | | | |
| 11.9.3 | Kehlblech beidseitig doppelt einfalzen | m | 80,0 | 76,0 | 72,0 | 90,0 | 90,0 | 100,0 |
| | ZWB | | | | | | | |
| **11.10** | **Dehnungsfuge herstellen, im Metalldach beidseitig aufgestellt mit Holzprofil und Kappe** | m | 75,0 | 70,0 | 65,0 | – | – | – |
| | ZWB | | | | | | | |
| **11.11** | **Schornsteinanschluss herstellen im Metalldach, bis ∅ 1000 mm falzen und einlöten** | m | – | 240,0 | 240,0 | – | – | – |
| | ZWB | | | | | | | |
| **11.12** | **Entlüfter im Metalldach einlöten bis ∅ 250 mm** | Stück | 120,0 | 120,0 | 120,0 | 120,0 | | – |
| | ZWB | | | | | | | |
| **11.13** | **Aufsatzkranz der Lichtkuppel im Metalldach (kein runder Aufsatzkranz) einfassen** | m | 120,0 | 120,0 | 120,0 | 120,0 | – | – |
| | ZWB | | | | | | | |


➡ *Wandanschluss (11.8)*
➡ *Kehle im Metalldach (11.9)*
➡ *Dehnungsfuge (11.10)*
➡ *Schornsteinanschluss (11.11)*
➡ *Entlüfter (11.12)*

| 11 | Metallarbeiten und Entwässerung | | Zeitwerte in Minuten | | | | | |
|---|---|---|---|---|---|---|---|---|
| Nr. | Kurztext-Ausführung | Einheit | Einfamilien- bis Mehrfamilienhaus | Wohnblöcke, Verwaltungs-gebäude | Hallen | Kleinflächen Gauben | Kleinflächen Kamine | Türme |
| **11.14** | **Wandanschluss im Flachdach herstellen** | | | | | | | |
| | bis 200 mm Zuschnittsbreite und max. 3 Kantungen als Schutzblende | m | 25,0 | 23,0 | 20,0 | 30,0 | 30,0 | – |
| | ZWB | | | | | | | |
| **11.15** | **Wandanschlussschiene anbringen mit Dübeln, Schrauben und Versiegeln** | m | 22,0 | 20,0 | 15,0 | 30,0 | 30,0 | 50,0 |
| | ZWB | | | | | | | |
| **11.16** | **Kehlblech im Steildach anbringen** | | | | | | | |
| 11.16.1 | Kehlblech bis 500 mm Zuschnittsbreite und bis 3 Kantungen anbringen | m | 22,0 | 20,0 | 18,0 | 30,0 | 30,0 | 40,0 |
| | ZWB | | | | | | | |
| 11.16.2 | Kehlblech bis 500 mm Zuschnittsbreite und bis 7 Kantungen anbringen | m | 32,0 | 30,0 | 28,0 | 40,0 | – | 50,0 |
| | ZWB | | | | | | | |
| **11.17** | **Brustblech und seitliche Kaminanschlüsse anbringen** | | | | | | | |
| 11.17.1 | ohne Profilierung bis 400 mm Zuschnittsbreite und maximal 3 Kantungen | m | 36,0 | 34,0 | 32,0 | 40,0 | 40,0 | – |
| | ZWB | | | | | | | |
| 11.17.2 | mit Profilierung bis 400 mm Zuschnittsbreite und maximal 3 Kantungen | m | 46,0 | 44,0 | 44,0 | 50,0 | 50,0 | – |
| | ZWB | | | | | | | |


➡ *Aufsatzkranz der Lichtkuppel (11.13)*
➡ *Wandanschluss im Flachdach (11.14)*
➡ *Wandanschlussschiene (11.15)*
➡ *Schornsteinanschluss (11.16)*
➡ *Entlüfter (11.17)*

| 11 | Metallarbeiten und Entwässerung | | Zeitwerte in Minuten | | | | | |
|---|---|---|---|---|---|---|---|---|
| Nr. | Kurztext-Ausführung | Einheit | Einfamilien- bis Mehrfamilienhaus | Wohnblöcke, Verwaltungsgebäude | Hallen | Kleinflächen | | Türme |
| | | | | | | Gauben | Kamine | |
| **11.18** | **Nocken/Schichtstücke herstellen** | | | | | | | |
| 11.18.1 | aus Zink/Alu/Kupfer, in Abhängigkeit vom Bedachungsartikel | m | 20,0 | 18,0 | 16,0 | 25,0 | 25,0 | 30,0 |
| | ZWB | | | | | | | |
| 11.18.2 | aus Blei, in Abhängigkeit vom Bedachungsmaterial | m | 16,0 | 15,0 | 14,0 | 20,0 | 20,0 | 25,0 |
| | ZWB | | | | | | | |
| **11.19** | **Fensterbänke herstellen bis 333 mm Zuschnittsbreite und 3 Kantungen** | m | 70,0 | 65,0 | 60,0 | 90,0 | – | – |
| | ZWB | | | | | | | |
| **11.20** | **Mauerabdeckungen montieren** | | | | | | | |
| 11.20.1 | handwerklich hergestellt, bis 333 mm Zuschnittsbreite und 4 Kantungen | m | 45,0 | 40,0 | 35,0 | 60,0 | – | 70,0 |
| | ZWB | | | | | | | |
| 11.20.2 | handwerklich hergestellt, > 333 mm bis 500 mm Zuschnittsbreite und 4 Kantungen | m | 50,0 | 45,0 | 40,0 | 65,0 | – | 80,0 |
| | ZWB | | | | | | | |
| 11.20.3 | Eckausbildung **gelötet**, zu 11.20.1/11.20.2 herstellen | Stück | 30,0 | 30,0 | 30,0 | 30,0 | – | 60,0 |
| | ZWB | | | | | | | |
| 11.20.4 | Eckausbildung wie vor, **geschweißt** herstellen | Stück | 45,0 | 45,0 | 45,0 | 45,0 | – | 75,0 |
| | ZWB | | | | | | | |
| 11.20.5 | Vorgefertigte Abdeckungen bis 300 mm Zuschnittsbreite montieren, einschl. Halterungen | m | 30,0 | 25,0 | 20,0 | 35,0 | – | 60,0 |
| | ZWB | | | | | | | |


➡ *Entlüfter (11.17)*
➡ *Nocken/Schichtstücke (11.18)*
➡ *Fensterbänke (11.19)*
➡ *Mauerabdeckungen (11.20)*

| 11 | Metallarbeiten und Entwässerung | | Zeitwerte in Minuten | | | | | |
|---|---|---|---|---|---|---|---|---|
| Nr. | Kurztext-Ausführung | Einheit | Einfamilien- bis Mehrfamilienhaus | Wohnblöcke, Verwaltungs-gebäude | Hallen | Kleinflächen Gauben | Kleinflächen Kamine | Türme |
| 11.20.6 | Vorgefertigte Abdeckungen > 300 mm bis 600 mm Zuschnittsbreite montieren, einschl. Halterungen | m | 35,0 | 30,0 | 25,0 | 40,0 | – | 70,0 |
| | ZWB | | | | | | | |
| 11.20.7 | Eckausbildungen zu 11.20.5/11.20.6 montieren | Stück | 20,0 | 20,0 | 20,0 | 20,0 | – | 30,0 |
| | ZWB | | | | | | | |
| **11.21** | **Gesimsabdeckungen herstellen** | | | | | | | |
| 11.21.1 | bis 333 mm Zuschnittsbreite und max. 4 Kantungen | m | 50,0 | 45,0 | 35,0 | 65,0 | – | 75,0 |
| | ZWB | | | | | | | |
| 11.21.2 | > 333 mm bis 500 mm Zuschnittsbreite und max. 4 Kantungen | m | 55,0 | 50,0 | 45,0 | 70,0 | – | 85,0 |
| | ZWB | | | | | | | |
| **11.22** | **Entlüfter anfertigen, einbauen, anschließen, eindichten für Flachdach, 1 m Rohr, Flansch und Fertighaube** | | | | | | | |
| 11.22.1 | ∅ max. 150 mm | Stück | 120,0 | 120,0 | 120,0 | – | – | – |
| | ZWB | | | | | | | |
| 11.22.2 | ∅ max. 300 mm | Stück | 180,0 | 180,0 | 180,0 | – | – | 180,0 |
| | ZWB | | | | | | | |
| **11.23** | **Deckung mit vorprofilierten Flächenelementen mit verdeckter Befestigung herstellen** | $m^2$ | 20,0 | 18,0 | 15,0 | – | – | – |
| | ZWB | | | | | | | |

➡ *Mauerabdeckungen (11.20)*
➡ *Gesimsabdeckungen (11.21)*
➡ *Entlüfter (11.22)*

| 11 | Metallarbeiten und Entwässerung | | Zeitwerte in Minuten | | | | | |
|---|---|---|---|---|---|---|---|---|
| Nr. | Kurztext-Ausführung | Einheit | Einfamilien- bis Mehrfamilienhaus | Wohnblöcke, Verwaltungsgebäude | Hallen | Kleinflächen | | Türme |
| | | | | | | Gauben | Kamine | |
| **11.24** | **Rinnen und Zubehör** | | | | | | | |
| **11.24.1** | **halbrund,**<br>Nähte gelötet | | | | | | | |
| 11.24.1.1 | montieren, 6-teilig bis 8-teilig | m | 30,0 | 25,0 | 23,0 | 50,0 | – | 60,0 |
| | ZWB | | | | | | | |
| 11.24.1.2 | montieren, 4-teilig und 5-teilig | m | 35,0 | 30,00 | 28,0 | – | – | 75,0 |
| | ZWB | | | | | | | |
| **11.24.2** | **Kastenformat,**<br>Nähte gelötet | | | | | | | |
| 11.24.2.1 | montieren, 6-teilig bis 8-teilig | m | 32,0 | 27,0 | 25,0 | 55,0 | – | 65,0 |
| | ZWB | | | | | | | |
| 11.24.2.2 | montieren, 4-teilig und 5-teilig | m | 37,0 | 32,0 | 30,0 | 65,0 | – | 80,0 |
| | ZWB | | | | | | | |
| **11.24.3** | **Kastenrinne eingelegt,**<br>konisch zugeschnitten, Zuschnittsbreite 333 mm bis 500 mm, 3 Kantungen und Wulst bei 3 m Länge | | | | | | | |
| 11.24.3.1 | herstellen | m | 16,0 | 15,0 | 14,0 | 20,0 | – | 30,0 |
| | ZWB | | | | | | | |
| 11.24.3.2 | montieren, ohne Unterkonstruktion und Eisen | m | 12,0 | 10,0 | 8,0 | 15,0 | – | 30,0 |
| | ZWB | | | | | | | |

➡ *Deckung mit vorprofilierten Elementen (11.23)*
➡ *Rinnen und Zubehör (11.24)*

| 11 | Metallarbeiten und Entwässerung | | Zeitwerte in Minuten | | | | | |
|---|---|---|---|---|---|---|---|---|
| **Nr.** | **Kurztext-Ausführung** | **Einheit** | **Einfamilien- bis Mehrfamilienhaus** | **Wohnblöcke, Verwaltungs-gebäude** | **Hallen** | **Kleinflächen** | | **Türme** |
| | | | | | | Gauben | Kamine | |
| **11.24.4** | **Mehrzeiten für Details** | | | | | | | |
| 11.24.4.1 | Nieten der halbrunde Rinne, 5 Stück/Naht | m | 5,0 | 5,0 | 5,0 | 5,0 | – | 5,0 |
| | ZWB | | | | | | | |
| 11.24.4.2 | Nieten der Kastenrinne | m | 5,0 | 5,0 | 5,0 | 5,0 | – | 5,0 |
| | ZWB | | | | | | | |
| 11.24.4.3 | Gehrung in der halbrunden Rinne herstellen | Stück | 30,0 | 30,0 | 30,0 | 30,0 | – | 30,0 |
| | ZWB | | | | | | | |
| 11.24.4.4 | Gehrung in der Kastenrinne herstellen | Stück | 30,0 | 30,0 | 30,0 | 30,0 | – | 30,0 |
| | ZWB | | | | | | | |
| 11.24.4.5 | Rinneneisen anschweißen | Stück | – | – | 10,0 | – | – | – |
| | ZWB | | | | | | | |
| 11.24.4.6 | Rinneneisen oberflächenbündig in Bohle einlassen | Stück | 5,0 | 5,0 | 5,0 | 5,0 | – | 5,0 |
| | ZWB | | | | | | | |
| 11.24.4.7 | Wulstverstärkung als Rundstahleinlage montieren | m | 3,0 | 3,0 | 3,0 | 3,0 | – | 3,0 |
| | ZWB | | | | | | | |
| 11.24.4.8 | Rinnenkopf, Boden, Endstück, gerade, einlöten | Stück | 15,0 | 15,0 | 15,0 | 15,0 | – | 15,0 |
| | ZWB | | | | | | | |
| 11.24.4.9 | Rinnenkopf, Halbschale einlöten | Stück | 17,0 | 17,0 | 17,0 | 17,0 | – | 17,0 |
| | ZWB | | | | | | | |

| 11 | Metallarbeiten und Entwässerung | | Zeitwerte in Minuten | | | | | |
|---|---|---|---|---|---|---|---|---|
| Nr. | Kurztext-Ausführung | Einheit | Einfamilien- bis Mehrfamilienhaus | Wohnblöcke, Verwaltungsgebäude | Hallen | Kleinflächen Gauben | Kleinflächen Kamine | Türme |
| 11.24.4.10 | Dehnungsausgleicher, 3-teilig, für halbrunde Rinne einbauen | Stück | 45,0 | 45,0 | 45,0 | 45,0 | – | 45,0 |
| | ZWB | | | | | | | |
| 11.24.4.11 | Rinne Dila endlos einbauen | Stück | 15,0 | 15,0 | 15,0 | 15,0 | – | 15,0 |
| | ZWB | | | | | | | |
| 11.24.4.12 | Dehnungsausgleicher für Kastenrinne, 3-teilig, einbauen | Stück | 45,0 | 45,0 | 45,0 | 45,0 | – | 45,0 |
| | ZWB | | | | | | | |
| 11.24.4.13 | Rinne Dila für Kastenrinne einbauen | Stück | 17,0 | 17,0 | 17,0 | 17,0 | – | 17,0 |
| | ZWB | | | | | | | |
| **11.25** | **Traufbleche** | | | | | | | |
| **11.25.1** | **250 mm bis 333 mm Zuschnittsbreite** und 3 Kantungen | | | | | | | |
| 11.25.1.1 | herstellen | m | 8,0 | 6,0 | 5,0 | 8,0 | – | 12,0 |
| | ZWB | | | | | | | |
| 11.25.1.2 | montieren | m | 8,0 | 7,0 | 6,0 | 15,0 | – | 15,0 |
| | ZWB | | | | | | | |
| **11.25.2** | **> 333 mm bis 400 mm Zuschnittsbreite** und 3 Kantungen | | | | | | | |
| 11.25.2.1 | herstellen | m | 8,0 | 6,0 | 5,0 | 8,0 | – | 12,0 |
| | ZWB | | | | | | | |
| 11.25.2.2 | montieren | m | 9,0 | 7,0 | 6,0 | 9,0 | – | 13,0 |
| | ZWB | | | | | | | |


➡ *Rinnen und Zubehör (11.24)*
➡ *Traufbleche (11.25)*

| 11 | Metallarbeiten und Entwässerung | | Zeitwerte in Minuten | | | | | |
|---|---|---|---|---|---|---|---|---|
| **Nr.** | **Kurztext-Ausführung** | **Einheit** | **Einfamilien- bis Mehrfamilienhaus** | **Wohnblöcke, Verwaltungs-gebäude** | **Hallen** | **Kleinflächen** | | **Türme** |
| | | | | | | Gauben | Kamine | |
| **11.26** | **Regenfallrohre mit Schellen** | | | | | | | |
| 11.26.1 | rund, bis 125 mm, montieren | m | 30,0 | 30,0 | 30,0 | 50,0 | – | 40,0 |
| | ZWB | | | | | | | |
| 11.26.2 | Vierkant, 250 mm bis 400 mm, im Zuschnitt montieren | m | 30,0 | 30,0 | 30,0 | 50,0 | – | 40,0 |
| | ZWB | | | | | | | |
| **11.27** | **Mehrzeiten für Details** | | | | | | | |
| 11.27.1 | **Bogen**<br>Fallrohrbogen, bis 125 mm, einlöten | Stück | 15,0 | 15,0 | 15,0 | 15,0 | – | 15,0 |
| | ZWB | | | | | | | |
| 11.27.2 | **Rohrknie** montieren | | | | | | | |
| 11.27.2.1 | Regenfallrohr gerundet, bis ∅ 125 mm, anbringen | Stück | 30,0 | 30,0 | 30,0 | 30,0 | – | 30,0 |
| | ZWB | | | | | | | |
| 11.27.2.2 | Rohrknie gekantet, 250 bis 400 mm im Zuschnitt, montieren | Stück | 30,0 | 30,0 | 30,0 | 30,0 | – | 30,0 |
| | ZWB | | | | | | | |
| 11.27.3 | **Rohrschellen** montieren | Stück | 10,0 | 10,0 | 10,0 | 10,0 | | 10,0 |
| | ZWB | | | | | | | |


➡ *Traufbleche (11.25)*
➡ *Regenfallrohre mit Schellen (11.26)*
➡ *Mehrzeiten für Details (11.27)*

| 11 | Metallarbeiten und Entwässerung | | Zeitwerte in Minuten | | | | | |
|---|---|---|---|---|---|---|---|---|
| Nr. | Kurztext-Ausführung | Einheit | Einfamilien- bis Mehrfamilienhaus | Wohnblöcke, Verwaltungs-gebäude | Hallen | Kleinflächen | | Türme |
| | | | | | | Gauben | Kamine | |
| 11.27.4 | **Stutzen** gerade, zylindrisch, bis 125 mm | | | | | | | |
| 11.27.4.1 | handwerklich erstellen | Stück | 30,0 | 30,0 | 30,0 | 30,0 | – | 30,0 |
| | ZWB | | | | | | | |
| 11.27.4.2 | einlöten | Stück | 15,0 | 15,0 | 15,0 | 15,0 | – | 15,0 |
| | ZWB | | | | | | | |
| 11.27.4.3 | konisch als Einhängestutzen montieren | Stück | 15,0 | 15,0 | 15,0 | 15,0 | – | 15,0 |
| | ZWB | | | | | | | |
| 11.27.5 | **Regenrohrklappen** vorgefertigt, bis ∅ 125 mm, einbauen | Stück | 25,0 | 25,0 | 25,0 | – | – | – |
| | ZWB | | | | | | | |
| 11.27.6 | **Standrohrkappe** vorgefertigt, einbauen | Stück | 5,0 | 5,0 | 5,0 | – | – | 5,0 |
| | ZWB | | | | | | | |
| **11.28** | **Vorgefertigte Überhangprofile und Dichtung** | | | | | | | |
| 11.28.1 | einbauen | m | 20,0 | 19,0 | 18,0 | 25,0 | 25,0 | 25,0 |
| | ZWB | | | | | | | |
| 11.28.2 | vorbehandeln und versiegeln, bis 1,5 $cm^2$ Fugenquerschnitt mit Einkomponenten-Material | m | 8,0 | 8,0 | 6,0 | 9,0 | 9,0 | 9,0 |
| | ZWB | | | | | | | |
| **11.29** | **Geländerstützen einfassen** | Stück | 60,0 | 60,0 | 60,0 | – | – | – |
| | ZWB | | | | | | | |

➡ *Mehrzeiten für Details (11.27)*
➡ *Vorgefertigte Überhangprofile und Dichtung (11.28)*
➡ *Geländerstützen (11.29)*

| 11 | Metallarbeiten und Entwässerung | | Zeitwerte in Minuten | | | | | |
|---|---|---|---|---|---|---|---|---|
| Nr. | Kurztext-Ausführung | Einheit | Einfamilien- bis Mehrfamilienhaus | Wohnblöcke, Verwaltungsgebäude | Hallen | Kleinflächen | | Türme |
| | | | | | | Gauben | Kamine | |
| **11.30** | **Vorgefertigte Dachrandprofile aus Alu** | | | | | | | |
| 11.30.1 | bis 250 mm Profilhöhe montieren | m | 30,0 | 25,0 | 20,0 | 10,0 | – | – |
| | ZWB | | | | | | | |
| 11.30.2 | Ecke zu 11.30.1 montieren (Mehrzeit) | Stück | 20,0 | 20,0 | 20,0 | 20,0 | – | – |
| | | | | | | | | |

# 12 Gerüstbauarbeiten und Sicherheitsmaßnahmen

| 12 | Gerüstbauarbeiten und Sicherheitsmaßnahmen | | Zeitwerte in Minuten | | | | | | | | |
|---|---|---|---|---|---|---|---|---|---|---|---|
| **Nr.** | **Kurztext-Ausführung** | **Einheit** | **Bunga-low, Villen** | **Wohnblöcke, Vewaltungsgebäude** | | **Hallen** | | | **Kleinflächen** | | |
| | | | | bis 6 Geshosse | 6–12 Geschosse | bis 500 m² | 500–1000 m² | über 1000 m² | Garagen | Terrassen | Balkone |
| **12.1** | **Allgemeine Hinweise** | | | | | | | | | | |
| | *Die baupolizeilichen Meldevorschriften und Abnahmen sind zu beachten, obgleich sie in den einzelnen Bundesländern noch verschieden gehandhabt werden, z. B.:*<br>– *Beleuchtungsvorschriften*<br>– *Absperrungen*<br>– *Hinweise*<br>– *zusätzliche Versicherungen.* | | | | | | | | | | |
| 12.1.1 | Im Endpreis sind ca. 85 % Lohn<br>und 15 % Geräte | | | | | | | | | | |
| 12.1.2 | Standzeiten normal bis 4 Wochen | | | | | | | | | | |
| 12.1.3 | Zuschlag/angef. Woche 6 % à Woche | | | | | | | | | | |
| **12.2** | **Schutzgerüste gemäß UVV** | | | | | | | | | | |
| 12.2.1 | Dachfanggerüste Steildach bis 60°, nach den Vorschriften der Berufsgenossenschaft | m | 20,0 | 30,0 | 40,0 | – | – | – | – | – | – |
| | ZWB | | | | | | | | | | |
| 12.2.2 | Absturzsicherung Flachdach | m | 10,0 | 12,0 | 13,0 | 12,0 | 11,0 | 10,0 | – | 12,0 | 12,0 |
| | ZWB | | | | | | | | | | |

➡ *Allgemeine Hinweise (12.1)*
➡ *Schutzgerüste gemäß UVV (12.1)*

| 12 | Gerüstbauarbeiten und Sicherheitsmaßnahmen | | Zeitwerte in Minuten | | | | | | | | |
|---|---|---|---|---|---|---|---|---|---|---|---|
| Nr. | Kurztext-Ausführung | Einheit | Bungalow, Villen | Wohnblöcke, Vewaltungsgebäude | | Hallen | | | Kleinflächen | | |
| | | | | bis 6 Geshosse | 6–12 Geschosse | bis 500 m² | 500–1000 m² | über 1000 m² | Garagen | Terrassen | Balkone |
| **12.3** | **Standgerüste** | | | | | | | | | | |
| **12.3.1** | **Schnellbaugerüste** | | | | | | | | | | |
| 12.3.1.1 | bis 6,00 m Höhe | $m^2$ | 9,0 | 8,0 | – | 8,0 | 8,0 | 7,0 | – | 9,0 | 9,0 |
| | ZWB | | | | | | | | | | |
| 12.3.1.2 | bis 10,00 m Höhe | $m^2$ | 9,5 | 8,5 | – | 8,5 | 8,5 | 7,5 | – | 9,5 | 9,5 |
| | ZWB | | | | | | | | | | |
| 12.3.1.3 | bis 14,00 m Höhe | $m^2$ | 10,0 | 9,0 | – | 9,0 | 9,0 | 8,0 | – | 10,0 | 10,0 |
| | ZWB | | | | | | | | | | |
| 12.3.1.4 | bis 18,00 m Höhe | $m^2$ | – | – | 9,5 | 9,5 | 9,5 | 8,5 | – | 10,5 | 10,5 |
| | ZWB | | | | | | | | | | |
| 12.3.1.5 | bis 22,00 m Höhe | $m^2$ | – | – | 10,0 | 10,0 | 10,0 | 9,0 | – | 11,0 | 11,0 |
| | ZWB | | | | | | | | | | |
| **12.3.2** | **Raumgerüste pro $m^3$** | | | | | | | | | | |
| 12.3.2.1 | bis 6,00 m mit Belag (Grundfläche 5/5 m) | $m^3$ | 5,0 | 5,0 | – | 5,0 | 5,0 | 5,0 | – | – | – |
| | ZWB | | | | | | | | | | |
| 12.3.2.2 | bis 10,00 m mit Belag (Grundfläche 5/5 m) | $m^3$ | – | 6,0 | – | 6,0 | 6,0 | 6,0 | – | – | – |
| | ZWB | | | | | | | | | | |

| 12 | Gerüstbauarbeiten und Sicherheitsmaßnahmen | | Zeitwerte in Minuten | | | | | | | | |
|---|---|---|---|---|---|---|---|---|---|---|---|
| Nr. | Kurztext-Ausführung | Einheit | Bunga-low, Villen | Wohnblöcke, Vewaltungsgebäude | | Hallen | | | Kleinflächen | | |
| | | | | bis 6 Geshosse | 6–12 Geschosse | bis 500 m² | 500–1000 m² | über 1000 m² | Garagen | Terrassen | Balkone |
| 12.3.2.3 | bis 14,00 m mit Belag (Grundfläche 10/10 m) | m³ | – | 4,0 | – | 4,0 | 4,0 | 4,0 | – | – | – |
| | ZWB | | | | | | | | | | |
| 12.3.2.4 | bis 18,00 m mit Belag (Grundfläche 10/10 m) | m³ | – | – | – | 4,5 | 4,5 | 4,5 | – | – | – |
| | ZWB | | | | | | | | | | |
| **12.4** | **Fahrbare Gerüste** *(Grundfläche 3/3 m, Auf- und Abbau)* | | | | | | | | | | |
| 12.4.1 | bis 6 m | Stück | 600 | 600 | 600 | 600 | 600 | 600 | – | – | – |
| | ZWB | | | | | | | | | | |
| 12.4.2 | bis 10 m | Stück | 1000 | 1000 | 1000 | 1000 | 1000 | 1000 | – | – | – |
| | ZWB | | | | | | | | | | |
| **12.5** | **Auffangnetze** | m² | – | – | – | 1,5 | 1,5 | 1,5 | – | – | – |
| | ZWB | | | | | | | | | | |


➡ *Standgerüste (12.3)*
➡ *Fahrbare Gerüste (12.4)*
➡ *Auffangnetze (12.5)*

# 13 Flüssigabdichtungen

| 13 | Flüssigabdichtungen | | Verbrauch/Zeitwert | |
|---|---|---|---|---|
| Nr. | Kurztext-Ausführung | Einheit | alle Gebäudetypen mit ggf. Differenzierungsbedarf für Transportwege, etc. (Höhe = 8 m) | |
| | | | Verbrauch je Einheit | Zeitwert in min |
| | *Der in den Tabellen genannte Verbrauch kann je nach Verarbeiter, Untergrund und Detail um 20 % variieren. Für Detailanschlüsse wie Lüfter, Gully etc. muss der Zeitansatz um ca. 100 % beaufschlagt werden. Bei kleineren Flächen (< 50 m²) sollte ein Zeitaufschlag für den Anmischvorgang von 2 min/Einheit einkalkuliert werden. Aufschläge für Baustelleneinrichtung, Transport, Entsorgung, Reinigung des Untergrundes etc. sind zu berücksichtigen.* | | | |
| **13.1** | **Grundierung** | | | |
| 13.1.1 | 1 K- Grundierung, auf Wasserbasis, aufbringen | m² | 0,5 kg | 4,0 |
| | ZWB | | | |
| 13.1.2 | 2 K-Grundierung, PUR, aufbringen | m² | 0,5 kg | 5,0 |
| | ZWB | | | |
| 13.1.3 | 1 K-Grundierung, auf Lösungsmittelbasis, aufbringen | m² | 0,3 kg | 3,0 |
| | ZWB | | | |
| 13.1.4 | 2K-Grundierung, Methylacrylat, aufbringen | m² | 0,5 kg | 5,0 |
| | ZWB | | | |
| 13.1.5 | 2 K-Grundierung, Epoxydharz, aufbringen | m² | 0,5 kg | 7,0 |
| | ZWB | | | |
| 13.1.6 | 1 K-Grundierung aufbringen | m² | 0,05 kg | 5,0 |
| | ZWB | | | |

| 13 | Flüssigabdichtungen | | Verbrauch/Zeitwert | |
|---|---|---|---|---|
| **Nr.** | **Kurztext-Ausführung** | **Einheit** | **alle Gebäudetypen mit ggf. Differenzierungsbedarf für Transportwege, etc. (Höhe = 8 m)** | |
| | | | Verbrauch je Einheit | Zeitwert in min |
| **13.2** | **Haftbrücke** | | | |
| 13.2.1 | 2 K-Grundierung, Epoxydharz, aufbringen | m² | 0,3 kg | 5,0 |
| | ZWB | | | |
| 13.2.2 | Haftbrücke mit Naturquarz einstreuen (0,7 – 1,2 mm) | m² | 1 kg | 3,0 |
| | ZWB | | | |
| **13.3** | **Kratzspachtel** | | | |
| 13.3.1 | 2 K-Grundierung, Epoxydharz aufbringen | m² | 0,5 kg | 7,0 |
| | ZWB | | | |
| 13.3.2 | Quarzsandmischung 1:4 | m² | 1,5 kg je mm | 10,0 |
| | ZWB | | | |
| 13.3.3 | 2 K-Grundierung, PU, aufbringen | m² | 0,5 kg | 7,0 |
| | ZWB | | | |
| 13.3.4 | Quarzsandmischung 1:4 | m² | 1,5 kg | 10,0 |
| | ZWB | | | |
| **13.4** | **Reparaturmörtel** | | | |
| 13.4.1 | 2 K-Grundierung, Epoxydharz, aufbringen | m² | 0,5 kg | 7,0 |
| | ZWB | | | |


➡ *Haftbrücke (13.2)*
➡ *Kratzspachtel (13.3)*
➡ *Reparaturmörtel (13.4)*

| 13 | Flüssigabdichtungen | | Verbrauch/Zeitwert | |
|---|---|---|---|---|
| **Nr.** | **Kurztext-Ausführung** | **Einheit** | **alle Gebäudetypen mit ggf. Differenzierungsbedarf für Transportwege, etc. (Höhe = 8 m)** | |
| | | | Verbrauch je Einheit | Zeitwert in min |
| 13.4.2 | Quarzsandmischung 1:9 | m² | 1,5 kg<br>je mm | 12,0 |
| | ZWB | | | |
| 13.4.3 | 2 K-Grundierung, PU, aufbringen | m² | 0,5 kg | 10,0 |
| | ZWB | | | |
| 13.4.4 | Quarzsandmischung 1:9 | m² | 1,5 kg<br>je mm | 12,0 |
| | ZWB | | | |
| **13.5** | **Alkalischutz** | | | |
| 13.5.1 | 2 K-Grundierung, Epoxydharz, aufbringen | m² | 0,6 kg | 9,0 |
| | ZWB | | | |
| 13.5.2 | Naturquarz (0,7 - 1,2 mm) aufbringen | m² | 1 kg | 3,0 |
| | ZWB | | | |
| **13.6** | **Abdichtung** | | | |
| 13.6.1 | Abdichtung, 2 K, mit Vlies-Einlage herstellen | m² | 2,8 kg<br>1,05 m² | 17,0 |
| | ZWB | | | |
| 13.6.2 | Abdichtung, 2 K, mit Vlies-Einlage herstellen | m² | 3,6 kg<br>1,05 m² | 20,0 |
| | ZWB | | | |

➡ *Reparaturmörtel (13.4)*
➡ *Alkalischutz (13.5)*
➡ *Abdichtungen (13.6)*

| 13 | Flüssigabdichtungen | | Verbrauch/Zeitwert | |
|---|---|---|---|---|
| **Nr.** | **Kurztext-Ausführung** | **Einheit** | **alle Gebäudetypen mit ggf. Differenzierungsbedarf für Transportwege, etc. (Höhe = 8 m)** | |
| | | | Verbrauch je Einheit | Zeitwert in min |
| 13.6.3 | 1 K-PUR-Abdichtung mit Vlies-Einlage herstellen | m² | 3 kg<br>1,05 m² | 18,0 |
| | ZWB | | | |
| 13.6.4 | 1 K-PUR-Abdichtung mit Vlies-Einlage herstellen | m² | 4 kg<br>1,05 m² | 20,0 |
| | ZWB | | | |
| 13.6.5 | 2 K-PUR-Abdichtung mit Vlies-Einlage herstellen | m² | 3 kg<br>1,05 m² | 22,0 |
| | ZWB | | | |
| 13.6.6 | Abdichtung, Methylmetaacrylat, mit Vlies-Einlage herstellen | m² | 2,5 kg<br>1,05 m² | 10,0-15,0 |
| | ZWB | | | |
| 13.6.7 | Vlies überlappend verlegen | m² | 1,05 m² | 3,0-4,0 |
| | ZWB | | | |
| 13.6.8 | Vlies gestoßen verlegen | m² | 1 m² | 3,0-4,0 |
| | ZWB | | | |
| 13.6.9 | Vlies als Streifenarmierung verlegen, Mehraufwand | m² | 1 m² | 3,0 |
| | ZWB | | | |

| 13 | Flüssigabdichtungen | | Verbrauch/Zeitwert | |
|---|---|---|---|---|
| **Nr.** | **Kurztext-Ausführung** | **Einheit** | **alle Gebäudetypen mit ggf. Differenzierungsbedarf für Transportwege, etc. (Höhe = 8 m)** | |
| | | | Verbrauch je Einheit | Zeitwert in min |
| **13.7** | **Beschichtung** | | | |
| 13.7.1 | Beschichtung mit Quarzsand aufbringen 0,4 - 0,8 | m² | 1,5 kg | 12,0 |
| | ZWB | | | |
| 13.7.2 | Beschichtung mit Quarzsand aufbringen 0,7 - 1,2 | m² | 3,7 kg | 10,0-14,0 |
| | ZWB | | | |
| 13.7.3 | Finish aufbringen | m² | 1 kg | 5,0 |
| | ZWB | | | |
| 13.7.4 | Microchips aufbringen | m² | 0,1 kg | 2,0 |
| | ZWB | | | |
| 13.7.5 | Beschichtung, 2 K-PUR, mit Colorquarz inkl. Abfegen | m² | 4 kg | 5,0-8,0 |
| | ZWB | | | |
| **13.8** | **Dickbeschichtung** | | | |
| 13.8.1 | Dickbeschichtung an waagerechten Flächen erstellen | m² | 5 kg | 25,0 |
| | ZWB | | | |
| 13.8.2 | zusätzlich Chips aufbringen | m² | 0,03 kg | 2,0-5,0 |
| | ZWB | | | |
| 13.8.3 | Dickbeschichtung an senkrechten Flächen erstellen | m² | 0,4 kg | 19,0 |
| | ZWB | | | |

➡ *Beschichtung (13.7)*
➡ *Dickbeschichtung (13.8)*

| 13 | Flüssigabdichtungen | | Verbrauch/Zeitwert | |
|---|---|---|---|---|
| Nr. | Kurztext-Ausführung | Einheit | alle Gebäudetypen mit ggf. Differenzierungsbedarf für Transportwege, etc. (Höhe = 8 m) | |
| | | | Verbrauch je Einheit | Zeitwert in min |
| **13.9** | **Versiegelung** | | | |
| 13.9.1 | Versiegelung, 1 und 2 K, reinweiß herstellen | m² | 1 kg | 7,0-10,0 |
| | ZWB | | | |
| 13.9.2 | Versiegelung, 1 und 2 K, farbig herstellen | m² | 0,5 kg | 5,0-7,0 |
| | ZWB | | | |
| 13.9.3 | Versiegelung, 1 und 2 K, farbig herstellen | m² | 0,25 kg | 5,0 |
| | ZWB | | | |
| 13.9.4 | Deko-Versiegelung als transparente Versiegelung mit Color-Quarz herstellen | m² | 0,4 kg<br>4 kg | 10,0<br>4,0 |
| | ZWB | | | |
| **13.10** | **Sandbelag** | | | |
| 13.10.1 | Sandbelag mit Sandbelag-Bindemittel aufbringen (1,7 kg Bindemittel je 25 kg Quarz) | m² | 18 kg | 25,0 |
| | ZWB | | | |
| 13.10.2 | Quarzbelag, transparent mit Color-Quarz (0,4 – 0,8 mm) | m² | 0,3 kg<br>4 kg | 15,0<br>10,0 |
| | ZWB | | | |
| 13.10.3 | 2 K-Dekobelag mit Chips | m² | 1 kg<br>0,03 kg | 15,0<br>10,0 |
| | ZWB | | | |

➡ *Versiegelung (13.9)*
➡ *Sandbelag (13.10)*

# Hinweis: Zeitwerte Dachbegrünung

Wir danken dem Deutschen Dachgärtner Verband e.V. für die Bereitstellung der nachfolgenden Zeitwertetabellen.

Bei zu begrünenden Dächern müssen Dachunterkonstruktion und Dachabdichtung qualitativ und funktional auf den geplanten Gründach-Systemaufbau abgestimmt sein. Informationen zu technischen Details und zur praktischen Ausführung entnehmen sie bitte den Fachregeln des Deutschen Dachdeckerhandwerks, den Regeln und Hinweisen des Deutschen Dachgärtner Verbandes bzw. der FLL-Dachbegrünungsrichtlinie.

Die Tabellen "Extensivbegrünung Flachdach/Schrägdach/Solardach" enthalten die Zeitwerte für die Verlegung eines Mehrschichten-Systemaufbaus. Dabei wurden nur die Arbeiten auf der Dachoberfläche berücksichtigt. Dies gilt auch für die Pflege- und Wartungsmaßnahmen in den Folgejahren. Der zeitliche Aufwand für Arbeits- und Baustellenvorbereitung, Materialtransport auf das Dach und An-/Abfahrt kann je nach Gebäudelage /-höhe stark variieren und muss deshalb objektspezifisch kalkuliert werden.

**Tabelle Extensivbegrünung: Flachdach bis 5°**

Extensivbegrünungen sind durch niedrige Aufbauhöhen, geringe Lasten und pflegearme, naturnahe Pflanzengemeinschaften gekennzeichnet. Sie eignen sich deshalb besonders für Dächer mit geringen Lastreserven auf denen keine Nutzung vorgesehen ist. Wenn die Dachabdichtung nicht bereits wurzelfest ist, muss eine zusätzliche Wurzelschutzschicht aufgebracht werden. Als Nachweis für die Durchwurzelungsfestigkeit gelten die Prüfzertifikate der Forschungsgesellschaft Landschaftsentwicklung Landschaftsbau e.V. (FLL) oder der DIN EN 13948. Das FLL-Verfahren berücksichtigt mit Unterschied zur Europäischen Norm auch rhizombildende Pflanzen und wird in der Fachwelt deshalb als höherwertig angesehen.

**Tabelle Extensivbegrünung: Schrägdach bis 20°**

Begrünte Schrägdächer werden in der Regel ebenfalls als pflegearme Extensivbegrünungen ausgeführt. Die angegebenen Zeiten in der Tabelle "Extensivbegrünung Schrägdach" beziehen sich auf Gebäude mit einer Dachneigung von 20°. Für Dachneigungen zwischen 5°-20° können etwas niedrigere Zeitwerte angesetzt werden. Da sich ein nachträglicher Wurzelschutz nur mit großem Aufwand verlegen lässt, sollte die vorhandene Abdichtung bereits wurzelfest ausgebildet sein. Gleiches gilt für den Einsatz von Trenn- und Gleitfolien. Die Zeitwerte in der Tabelle beginnen deshalb erst mit der Verlegung der Schutz- und Speichermatten. Außerdem sind die Regelmengen für die Ausbringung der Pflanzen zu erhöhen, um einen möglichst schnellen Vegetationsschluss zu erreichen (Erosionsgefahr).

# 14 Dachbegrünung

| 14 | Dachbegrünung | | | Zeitwerte in Minuten (Installation) | | | |
|---|---|---|---|---|---|---|---|
| **Nr.** | **Material** | **Kurztext-Ausführung** | **Einheit** | **Dachgröße in m²** | | | |
| | | | | **< 50** | **50-100** | **100-500** | **500-5000** |
| **14.1** | **Extensivbegrünung – Neuanlage Schrägdach bis 20° –** | | | | | | |
| **14.1.1** | **Schutz- und Speichermatten** | | | | | | |
| 14.1.1.1 | Schutz- und Speichermatten | lose verlegen | m² | 4,00 | 3,00 | 2,50 | 2,00 |
| | | ZWB | | | | | |
| 14.1.1.2 | Schutz- und Speichermatten | am Dachrand/an aufgehenden Bauteilen hochführen und ggf. fixieren | m | 4,00 | 3,00 | 2,50 | 2,00 |
| | | ZWB | | | | | |
| 14.1.1.3 | Dachdurchdringungen | lose verlegte Matten an Dachdurchdringungen hochführen und ggf. verwahren | m | 4,75 | 3,50 | 3,50 | 3,50 |
| | | ZWB | | | | | |
| **14.1.2** | **Entwässerung, Dränage- und Filterschicht** | | | | | | |
| 14.1.2.1 | Dachabläufe | lose verlegte Matten über den Abläufen ausschneiden | Stück | 3,50 | 2,50 | 2,50 | 2,50 |
| | | ZWB | | | | | |
| 14.1.2.2 | Dränelemente/Dränplatten | vollflächig verlegen | m² | 4,00 | 3,00 | 2,50 | 2,00 |
| | | ZWB | | | | | |
| 14.1.2.3 | Filtervliesstreifen | an der Traufe und über Schnittstellen verlegen | m² | 3,00 | 2,00 | 1,00 | 1,00 |
| | | ZWB | | | | | |
| **14.1.3** | **Sonstiges** | | | | | | |
| 14.1.3.1 | Kontrollschächte | über den Dachabläufen anbringen | Stück | 6,00 | 6,00 | 6,00 | 6,00 |
| | | ZWB | | | | | |

| 14 | Dachbegrünung | | | Zeitwerte in Minuten (Installation) | | | |
|---|---|---|---|---|---|---|---|
| Nr. | Material | Kurztext-Ausführung | Einheit | Dachgröße in $m^2$ | | | |
| | | | | < 50 | 50-100 | 100-500 | 500-5000 |
| 14.1.3.2 | Kiesstreifen | an Dachrändern und um Dachdurchdringungen/Abläufe ca. 50 cm breit einbauen | cm/m | 1,75 | 1,25 | 1,00 | 0,80 |
| | | ZWB | | | | | |
| **14.1.4** | **Substrate** | | | | | | |
| 14.1.4.1 | Substrat/Sackware | Aufbringung und Verteilung | cm/m² | 2,50 | 1,75 | X | X |
| | | ZWB | | | | | |
| 14.1.4.2 | Substrat/Big Bag | Aufbringung und Verteilung | cm/m² | 1,75 | 1,50 | 1,50 | 1,50 |
| | | ZWB | | | | | |
| 14.1.4.3 | Substrat/Kipper | Aufbringung und Verteilung | cm/m² | 1,75 | 1,25 | 1,25 | 1,25 |
| | | ZWB | | | | | |
| 14.1.4.4 | Substrat/Silo | Aufbringung und Verteilung | cm/m² | X | 1,25 | 1,00 | 0,75 |
| | | ZWB | | | | | |
| **14.1.5** | **Erosionsschutz** | | | | | | |
| 14.1.5.1 | Erosionsschutzgewebe | Erosionsschutzgewebe (z.B. aus Jute) verlegen | m² | 2,50 | 1,50 | 1,50 | 1,50 |
| | | ZWB | | | | | |
| **14.1.6** | **Bepflanzung** | | | | | | |
| 14.1.6.1 | Stauden | Flachballenpflanzen ca. 20 Stück/m² | m² | 12,00 | 10,00 | 10,00 | 10,00 |
| | | ZWB | | | | | |
| 14.1.6.2 | Stauden | Kleinballenpflanzen ca. 25 Stück/m² | m² | 15,00 | 12,50 | 12,50 | 12,50 |
| | | ZWB | | | | | |

| 14 | Dachbegrünung | | | Zeitwerte in Minuten (Installation) | | | |
|---|---|---|---|---|---|---|---|
| Nr. | Material | Kurztext-Ausführung | Einheit | Dachgröße in $m^2$ | | | |
| | | | | < 50 | 50-100 | 100-500 | 500-5000 |
| 14.1.6.3 | Sprossteile (Sedum) | ca. 100g/$m^2$ ausstreuen, einharken und walzen | $m^2$ | 2,50 | 1,75 | 1,25 | 1,25 |
| | | ZWB | | | | | |
| 14.1.6.4 | Saatgut (Kräuter/Gräser) | ca. 6000 -10000 Korn/$m^2$, vermischt mit Zuschlagstoffen und Kleber ausstreuen, einharken und walzen | $m^2$ | 2,50 | 1,75 | 1,25 | 1,25 |
| | | ZWB | | | | | |
| 14.1.6.5 | Vegetationsmatten | ausrollen, verlegen und andrücken | $m^2$ | 12,0 | 12,0 | 9,50 | 9,50 |
| | | ZWB | | | | | |
| 14.1.6.6 | Anspritzbegrünung | Sprossen und/oder Saatgut mit Zuschlagsstoffen und Wasser maschinell aufspritzen | $m^2$ | auf Anfrage | | | |
| | | ZWB | | | | | |
| 14.1.6.7 | Wässern | anwässern der Pflanzebene, bauseitige Wasserversorgung 10 l/min | $m^2$ | 3,00 | 2,25 | 2,25 | 2,25 |
| | | ZWB | | | | | |
| **14.1.7** | **Pflege und Wartung** | | | | | | |
| 14.1.7.1 | Fertigstellungspflege | Pflegemaßnahmen bis zum abnahmefähigen Zustand | $m^2$ | 10,00 | 5,00 | 2,50 | 2,50 |
| | | ZWB | | | | | |
| 14.1.7.2 | Wartung und Unterhaltung | Ein - zwei Wartungsgänge pro Jahr, pro Kontrollgang | $m^2$ | 5,00 | 2,50 | 1,25 | 1,25 |
| | | ZWB | | | | | |

| 14 | Dachbegrünung | | | Zeitwerte in Minuten (Installation) | | | |
|---|---|---|---|---|---|---|---|
| Nr. | Material | Kurztext-Ausführung | Einheit | Dachgröße in m² | | | |
| | | | | < 50 | 50-100 | 100-500 | 500-5000 |
| **14.2** | **Extensivbegrünung – Neuanlage Flachdach bis 5° –** | | | | | | |
| **14.2.1** | **Wurzelschutz/Trennlagen** | | | | | | |
| 14.2.1.1 | Trenn- und Gleitfolie | lose verlegen | m² | 3,00 | 2,00 | 1,50 | 1,00 |
| | | ZWB | | | | | |
| 14.2.1.2 | Wurzelschutzfolie | lose verlegen | m² | 3,00 | 2,00 | 1,50 | 1,00 |
| | | ZWB | | | | | |
| 14.2.1.3 | Wurzelschutzfolie | am Dachrand/an aufgehenden Bauteilen hochführen und ggf. fixieren | m | 3,00 | 1,50 | 1,50 | 1,00 |
| | | ZWB | | | | | |
| 14.2.1.4 | Wurzelschutzbahn | ausrollen, verschweißen, bei Bedarf versiegeln | m² | 5,00 | 5,00 | 5,00 | 4,00 |
| | | ZWB | | | | | |
| 14.2.1.5 | Wurzelschutzbahn | am Dachrand/an aufgehenden Bauteilen hochführen und fixieren | m | 4,00 | 4,00 | 4,00 | 4,00 |
| | | ZWB | | | | | |
| 14.2.1.6 | Wurzelschutzbahn | Nadelprobe | m | 0,50 | 0,50 | 0,50 | 0,50 |
| | | ZWB | | | | | |
| **14.2.2** | **Schutz- und Speichermatten** | | | | | | |
| 14.2.2.1 | Schutz- und Speichermatten | lose verlegen | m² | 3,00 | 2,00 | 1,00 | 1,00 |
| | | ZWB | | | | | |

| 14 | Dachbegrünung | | | Zeitwerte in Minuten (Installation) | | | |
|---|---|---|---|---|---|---|---|
| Nr. | Material | Kurztext-Ausführung | Einheit | Dachgröße in m² | | | |
| | | | | < 50 | 50-100 | 100-500 | 500-5000 |
| 14.2.2.2 | Schutz- und Speichermatten | am Dachrand/an aufgehenden Bauteilen hochführen und ggf. fixieren | m | 3,00 | 2,00 | 1,00 | 1,00 |
| | | ZWB | | | | | |
| 14.2.2.3 | Dachdurchdringungen | lose verlegte Folien und Matten an Dachdurchdringungen hochführen und ggf. verwahren | m | 4,00 | 3,00 | 3,00 | 3,00 |
| | | ZWB | | | | | |
| 14.2.2.4 | Dachdurchdringungen | Wurzelschutzbahnen an Dachdurchdringungen hochführen, verschweißen und mechanisch fixieren. Matten hochführen | m | 20,00 | 15,00 | 15,00 | 15,00 |
| | | ZWB | | | | | |
| **14.2.3** | **Entwässerung/Dränage- und Filterschicht** | | | | | | |
| 14.2.3.1 | Dachabläufe | lose verlegte Folien und Matten über den Abläufen ausschneiden | Stück | 3,00 | 2,00 | 2,00 | 2,00 |
| | | ZWB | | | | | |
| 14.2.3.2 | Dachabläufe | Wurzelschutzbahnen über den Abläufen ausschneiden, Kragen schweißen, Matten ausschneiden | Stück | 10,00 | 8,00 | 8,00 | 8,00 |
| | | ZWB | | | | | |
| 14.2.3.3 | Dränelemente / Dränplatten | vollflächig verlegen | m² | 3,00 | 2,00 | 1,50 | 1,00 |
| | | ZWB | | | | | |
| 14.2.3.4 | Filtervlies | lose auf der Dränage verlegen inkl. hochführen bis zur Oberkante des Gründachaufbaus | m² | 2,00 | 2,00 | 1,00 | 1,00 |
| | | ZWB | | | | | |

| 14 | Dachbegrünung | | | Zeitwerte in Minuten (Installation) | | | |
|---|---|---|---|---|---|---|---|
| Nr. | Material | Kurztext-Ausführung | Einheit | Dachgröße in $m^2$ | | | |
| | | | | < 50 | 50-100 | 100-500 | 500-5000 |
| **14.2.4** | **Sonstiges** | | | | | | |
| 14.2.4.1 | Kontrollschächte | über den Dachabläufen anbringen | Stück | 5,00 | 5,00 | 5,00 | 5,00 |
| | | ZWB | | | | | |
| 14.2.4.2 | Absturzsicherungen | dachdurchdringungsfreie Sicherungssysteme verlegen | Stück | 60,00 | 60,00 | 60,00 | 60,00 |
| | | ZWB | | | | | |
| 14.2.4.3 | Schrittplatten | Schrittplatten verlegen | Stück | 10,00 | 10,00 | 10,00 | 8,00 |
| | | ZWB | | | | | |
| 14.2.4.4 | Kiesstreifen | an Dachrändern und um Dachdurchdringungen/Abläufe ca. 50 cm breit einbauen | cm/m | 1,50 | 1,00 | 0,75 | 0,50 |
| | | ZWB | | | | | |
| **14.2.5** | **Substrate** | | | | | | |
| 14.2.5.1 | Substrat/Sackware | Aufbringung und Verteilung | cm/$m^2$ | 2,00 | 1,50 | 1,50 | X |
| | | ZWB | | | | | |
| 14.2.5.2 | Substrat/Big Bag | Aufbringung und Verteilung | cm/$m^2$ | 1,50 | 1,25 | 1,25 | 1,25 |
| | | ZWB | | | | | |
| 14.2.5.3 | Substrat/Kipper | Aufbringung und Verteilung | cm/$m^2$ | 1,50 | 1,00 | 1,00 | 1,00 |
| | | ZWB | | | | | |
| 14.2.5.4 | Substrat/Silo | Aufbringung und Verteilung | cm/$m^2$ | X | 1,00 | 0,50 | 0,50 |
| | | ZWB | | | | | |

| 14 | Dachbegrünung | | | Zeitwerte in Minuten (Installation) | | | |
|---|---|---|---|---|---|---|---|
| Nr. | Material | Kurztext-Ausführung | Einheit | Dachgröße in $m^2$ | | | |
| | | | | < 50 | 50-100 | 100-500 | 500-5000 |
| **14.2.6** | **Bepflanzung** | | | | | | |
| 14.2.6.1 | Stauden | Flachballenpflanzen ca. 12 Stück/$m^2$ | $m^2$ | 6,00 | 5,00 | 5,00 | 5,00 |
| | | ZWB | | | | | |
| 14.2.6.2 | Stauden | Kleinballenpflanzen ca. 16 Stück/$m^2$ | $m^2$ | 8,00 | 6,00 | 6,00 | 6,00 |
| | | ZWB | | | | | |
| 14.2.6.3 | Sprossteile (Sedum) | ca. 60 g/$m^2$ ausstreuen, einharken und walzen | $m^2$ | 2,00 | 1,50 | 1,50 | 1,00 |
| | | ZWB | | | | | |
| 14.2.6.4 | Saatgut (Kräuter/Gräser) | ca. 3000-5000 Korn/$m^2$, vermischt mit Zuschlagsstoffen und Kleber ausstreuen, einharken und walzen | $m^2$ | 2,00 | 1,50 | 1,50 | 1,00 |
| | | ZWB | | | | | |
| 14.2.6.5 | Vegetationsmatten | ausrollen, verlegen und andrücken | $m^2$ | 6,00 | 5,00 | 5,00 | 5,00 |
| | | ZWB | | | | | |
| 14.2.6.6 | Anspritzbegrünung | Sprossen und/oder Saatgut mit Zuschlagstoffen und Wasser maschinell aufspritzen | $m^2$ | auf Anfrage | | | |
| | | ZWB | | | | | |
| 14.2.6.7 | Wässern | anwässern der Pflanzebene, bauseitige Wasserversorgung 10 l/min | $m^2$ | 2,00 | 1,50 | 1,50 | 1,50 |
| | | ZWB | | | | | |
| **14.2.7** | **Pflege und Wartung** | | | | | | |
| 14.2.7.1 | Fertigstellungspflege | Pflegemaßnahmen bis zum abnahmefähigen Zustand | $m^2$ | 8,00 | 4,00 | 3,00 | 2,00 |
| | | ZWB | | | | | |

| 14 | Dachbegrünung | | | Zeitwerte in Minuten (Installation) | | | |
|---|---|---|---|---|---|---|---|
| **Nr.** | **Material** | **Kurztext-Ausführung** | **Einheit** | **Dachgröße in m²** | | | |
| | | | | **< 50** | **50-100** | **100-500** | **500-5000** |
| 14.2.7.2 | Wartung und Unterhaltung | Ein-zwei Wartungsgänge pro Jahr, pro Kontrollgang | $m^2$ | 4,00 | 2,00 | 1,50 | 1,00 |
| | | ZWB | | | | | |
| **14.3** | **Extensivbegrünung – Kombination mit Solaranlagen –** | | | | | | |
| **14.3.1** | Befestigungselemente | Solar-Grundplatten auf Schutz-/Speichermatte oder Dränschicht verlegen | Stück | 6,00 | 6,00 | 6,00 | 4,00 |
| | | ZWB | | | | | |
| **14.3.2** | Rahmen | Befestigungsrahmen für Paneele auf der Grundplatte befestigen | Stück | 12,00 | 12,00 | 12,00 | 10,00 |
| | | ZWB | | | | | |
| **14.3.3** | Solarpaneele | Solarpaneele von Fachfirma aufsetzen, befestigen und anschließen lassen | Stück | auf Anfrage | | | |
| | | ZWB | | | | | |

➡ *Extensivbegrünung – Neuanlage Flachdach bis 5° – (14.2)*
➡ *Extensivbegrünung – Kombination mit Solaranlagen – (14.3)*

# 15 Solartechnik

# Systematik - Solaranlagen

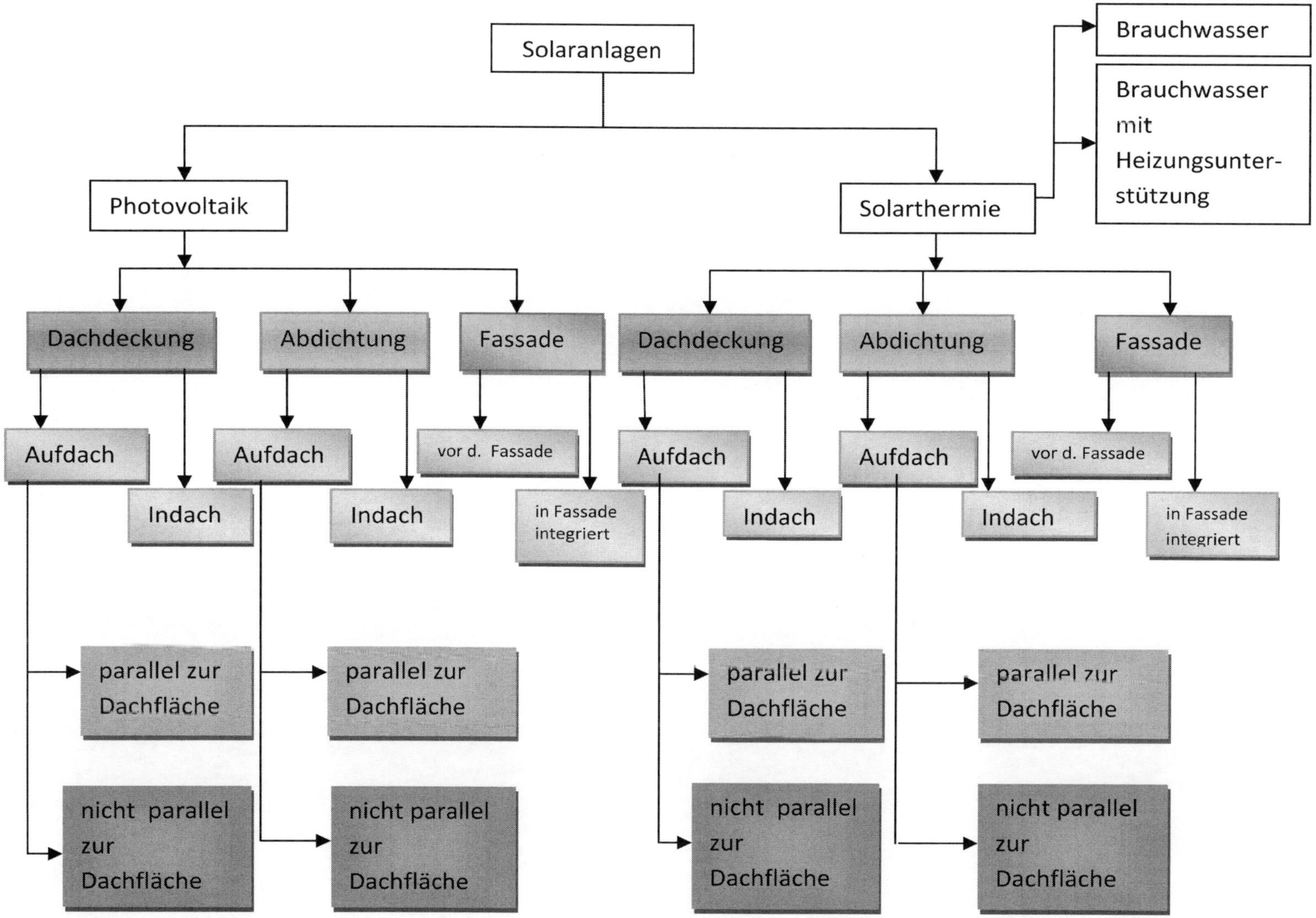

# 15 Solartechnik

Die angegebenen Zeitwerte beziehen sich auf die nachträgliche Montage von Solaranlagen auf bestehenden Dachkonstruktionen.
Bei Dächern neu zu errichtender Gebäude oder kompletter Erneuerung einer bestehenden Bedachung können die Zeitwerte niedriger angesetzt werden.

## 15 A Photovoltaikanlagen

Die Zeitwerte beziehen sich auf eine Anlagengröße bis 30 m² (entspricht ca. 3 kWp). Bei Anlagen über 30 m² ist je nach Gebäudetyp mit Auf- oder Abschlägen zu rechnen.

| **15.1** | **Photovoltaik – Flachdach** | | **Zeitwerte in Minuten** |
|---|---|---|---|
| **Nr.** | **Kurztext-Ausführung** | **Einheit** | **≤ 30 m²** |
| **15.1.1** | **Vorbereitungsarbeiten bei Aufdachanlagen** | | |
| 1. | Kiesschüttung umsetzen | m² | 18,0 |
| | ZWB | | |
| 2. | Bautenschutzmatte verlegen | m² | 5,0 |
| | ZWB | | |
| **15.1.2** | **Höhentransport** | abhängig von Gebäudehöhe und Transportart | |
| **15.1.3** | **Montage der Aufständerung** (Unterkonstruktion bzgl. 1 Modul) | Stück | 20,0 |
| | ZWB | | |
| **15.1.4** | **Windsogsicherung** | | |
| 1. | Kiesschüttung pro 5 cm aufbringen (0,18 kN/m² je cm Dicke) | m² | 9,0 |
| | ZWB | | |

*Photovoltaikanlagen (15 A)*
*Photovoltaik – Flachdach (15.1)*

| 15.1 | Photovoltaik – Flachdach | | Zeitwerte in Minuten |
|---|---|---|---|
| **Nr.** | **Kurztext-Ausführung** | **Einheit** | **≤ 30 m²** |
| **15.1.4** | **Windsogsicherung** | | |
| 2. | Auflastkörper mit Plattenbelag verlegen, Größe 50/50/5 in cm (je nach Bedingungen beim Höhentransport) | m² | 25,0 - 40,0 |
| | ZWB | | |
| **15.1.5** | **Montage der Module** | | |
| 1. | Module an Aufständerung befestigen (4 Stück Schrauben/Modul) | Stück | 10,0 |
| | ZWB | | |
| 2. | Modulkabel untereinander verbinden, Stringkabelverlegung, inkl. Durchgangsprüfung | Stück | 6,0 |
| | ZWB | | |
| 3. | **Abdichtungsarbeiten für Zu- und Ableitung herstellen (ohne Dachdurchbruch)** | | |
| 3.1. | bei Bitumenabdichtungen | Stück | 20,0 |
| | ZWB | | |
| 3.2. | bei Abdichtungen mit Kunststoff- und Elastomerbahnen | Stück | 22,0 |
| | ZWB | | |
| 3.3. | bei Flüssigkunststoffabdichtungen | Stück | 10,0 |
| | ZWB | | |
| **15.1.6** | **Fachübergreifende Arbeiten** | | |
| 1. | Elektroarbeiten (Elektriker) | Fremdleistung | |

➡ *Photovoltaikanlagen (15 A)*
➡ *Photovoltaik – Flachdach (15.1)*

| 15.1 | Photovoltaik – Flachdach | | Zeitwerte in Minuten |
|---|---|---|---|
| **Nr.** | **Kurztext-Ausführung** | **Einheit** | **≤ 30 m²** |
| **15.1.7** | **Wartung und Pflege** | | |
| 1. | Reinigen von ebenflächigen Modulen | Stück | 5,0 |
| | ZWB | | |
| 2. | Reinigen von röhrenförmigen Modulen | Stück | 8,0 |
| | ZWB | | |
| 3. | Überprüfen von Rahmen, Befestigungen, Verbindungen, elektr. Bauteilen, Beschädigungen, Windsogsicherung | nach Zeitaufwand | |

| 15.2 | Photovoltaik – Steildach | | Zeitwerte in Minuten |
|---|---|---|---|
| **Nr.** | **Kurztext-Ausführung** | **Einheit** | **≤ 30 m²** |
| **15.2.1** | **Aufdachanlagen** | | |
| **1.** | **Vorbereitungsarbeiten bei Aufdachanlagen** | | |
| **1.1** | **Aufnehmen, bauseits lagern und Wiedereindecken des Deckmaterials zum Einbau von Tragkonsolen** | | |
| 1.1.1 | bei Dachziegeln/Dachsteinen mit Lattweite bis 16 cm, z.B. Biberschwanzdoppeldeckung | m² | 19,0 |
| | ZWB | | |
| 1.1.2 | bei Dachziegeln/Dachsteinen mit Lattweite > 16 cm | m² | 12,0 |
| | ZWB | | |
| 1.1.3 | bei Schiefer | m² | 20,0 |
| | ZWB | | |


➡ *Photovoltaikanlagen (15 A)*
➡ *Photovoltaik – Flachdach (15.1)*
➡ *Photovoltaik – Steildach (15.2)*

| 15.2 | Photovoltaik – Steildach | | Zeitwerte in Minuten |
|---|---|---|---|
| Nr. | Kurztext-Ausführung | Einheit | ≤ 30 m² |
| 15.2.1 | Aufdachanlagen | | |
| 1.1.4 | bei Faserzement-Dachplatten | m² | 20,0 |
| | ZWB | | |
| 2. | Herstellen der Tragkonstruktion bei Aufdachanlagen | | |
| 2.1 | Einbau einer Hilfsbohle oder vergleichbaren Tragkonstruktion für Tragkonsoleneinbau | m | 6,0 |
| | ZWB | | |
| 2.2 | Einbau einer Tragkonsole auf dem Sparren bei kleinformatigen Bedachungsmaterialien | Stück | 30,0 |
| | ZWB | | |
| 2.3 | Einbau einer Tragkonsole auf dem Sparren bei großformatigen Bedachungsmaterialien | Stück | 30,0 |
| | ZWB | | |
| 2.4 | Einbau einer Tragkonsole auf einem Doppelstehfalzdach (Neubau) | Stück | 45,0 |
| | ZWB | | |
| 2.5 | Montage der Primärschiene auf Trapezblechdächern | m | 15,0 |
| | ZWB | | |
| 2.6 | Montage der Aufständerung (Unterkonstruktion) auf Trapezblechdächern | Stück | 20,0 |
| | ZWB | | |
| 2.7 | Montage der Primärschiene auf den Tragkonsolen | m | 10,0 |
| | ZWB | | |
| 2.8. | Montage der Sekundärschiene | m | 8,0 |
| | ZWB | | |

➡ *Photovoltaikanlagen (15 A)*
➡ *Photovoltaik – Steildach (15.2)*

| 15.2 | Photovoltaik – Steildach | | Zeitwerte in Minuten |
|---|---|---|---|
| **Nr.** | **Kurztext-Ausführung** | **Einheit** | **≤ 30 m²** |
| **15.2.2** | **Indachanlagen** | | |
| **1.** | **Vorbereitungsarbeiten bei Indachanlagen** | | |
| **1.1** | **Aufnehmen und bauseits lagern des Deckmaterials zum Einbau von Tragkonsolen** | | |
| 1.1.1 | bei Dachziegeln/Dachsteinen mit Lattweite bis 16 cm, z.B. Biberschwanzdoppeldeckung | m² | 19,0 |
| | ZWB | | |
| 1.1.2 | bei Dachziegeln/Dachsteinen mit Lattweite > 16 cm | m² | 12,0 |
| | ZWB | | |
| 1.1.3 | bei Schiefer | m² | 40,0 |
| | ZWB | | |
| 1.1.4 | bei Faserzement-Dachplatten | m² | 40,0 |
| | ZWB | | |
| 1.1.5 | bei Faserzement-Wellplatten | m² | 19,0 |
| | ZWB | | |
| **2.** | **Zusatzmaßnahmen bei Indachanlagen** | | |
| **2.1** | **Herstellen eines wasserdichten Unterdaches bei Indachanlagen, deren Einbindung in die Dacheindeckung und Fügetechnik der Einbauteile untereinander nicht den jeweiligen Fachregelwerken entspricht** | | |
| 2.1.1 | Wasserdichtes Unterdach mit Bitumen-/ Polymerbitumenbahnen | m² | 40,0 |
| | ZWB | | |
| 2.1.2 | Wasserdichtes Unterdach mit Kunststoff- und Elastomerbahnen | m² | 40,0 |
| | ZWB | | |

➡ *Photovoltaikanlagen (15 A)*
➡ *Photovoltaik – Steildach (15.2)*

| 15.2 | Photovoltaik – Steildach | | Zeitwerte in Minuten |
|---|---|---|---|
| **Nr.** | **Kurztext-Ausführung** | **Einheit** | **≤ 30 m²** |
| **15.2.2** | **Indachanlagen** | | |
| 2.1.3 | Regensicheres Unterdach mit Bitumen-/ Polymerbitumenbahnen (traufseitiger Bereich der Anlage) | m² | 40,0 |
| | ZWB | | |
| 2.1.4 | Regensicheres Unterdach mit Kunststoff- und Elastomerbahnen (traufseitiger Bereich der Anlage) | m² | 40,0 |
| | ZWB | | |
| **3.** | **Herstellen der Tragkonstruktion bei Indachanlagen** | | |
| 3.1 | Einbau einer Tragkonsole auf Sparren/Konterlatte | Stück | 15,0 |
| | ZWB | | |
| 3.2 | Montage der Primärschiene auf den Tragkonsolen | m | 10,0 |
| | ZWB | | |
| 3.3 | Montage der Primärschiene über Stahltrapezblechen | m | 15,0 |
| | ZWB | | |
| 3.4 | Montage der Sekundärschiene | m | 8,0 |
| | ZWB | | |
| 3.5 | Montage der Tertiärschiene | m | 8,0 |
| | ZWB | | |

➡ *Photovoltaikanlagen (15 A)*
➡ *Photovoltaik – Steildach (15.2)*

| 15.2 | Photovoltaik – Steildach | | Zeitwerte in Minuten |
|---|---|---|---|
| **Nr.** | **Kurztext-Ausführung** | **Einheit** | **≤ 30 m²** |
| **15.2.3** | **Höhentransport** | **abhängig von Gebäudehöhe und Transportart** | |
| **15.2.4** | **Montage der Module** | | |
| 1. | Modul auf der Trägerschiene befestigen | Stück | 30,0 |
| | ZWB | | |
| 2. | Modulkabel untereinander verbinden, Stringkabelverlegung inkl. Durchgangsprüfung | Stück | 6,0 |
| | ZWB | | |
| 3. | Dachdurchdringung für Zu- und Ableitung im Unterdach herstellen | Stück | 22,0 |
| | ZWB | | |
| 4. | Dachdurchdringung für Zu- und Ableitung bei kleinformatigen Bedachungsmaterialien | Stück | 20,0 |
| | ZWB | | |
| 5. | Dachdurchdringung für Zu- und Ableitung bei großformatigen Bedachungsmaterialien | Stück | 60,0 |
| | ZWB | | |
| 6. | Dachdurchdringung für Zu- und Ableitung im Doppelstehfalzdach | Stück | 45,0 |
| | ZWB | | |
| 7. | Dachdurchdringung für Zu- und Ableitung in Trapezblechdächern | Stück | 60,0 |
| | ZWB | | |

➡ *Photovoltaikanlagen (15 A)*
➡ *Photovoltaik – Steildach (15.2)*

| 15.2 | Photovoltaik – Steildach | | Zeitwerte in Minuten |
|---|---|---|---|
| **Nr.** | **Kurztext-Ausführung** | **Einheit** | **≤ 30 m²** |
| **15.2.5** | **Anschluss der Dacheindeckung an die Indachanlage unter Berücksichtigung der jeweiligen Fachregel für Dachdeckungen und der „Fachregel für Metallarbeiten im Dachdeckerhandwerk“** | | |
| 1. | mit Dachziegeln/Dachsteinen mit Lattweite bis 16 cm und beischroten | m | 20,0 |
| | ZWB | | |
| 2. | mit Dachziegeln/Dachsteinen mit Lattweite > 16 cm und beischroten | m | 12,0 |
| | ZWB | | |
| 3. | mit Schiefer | m | 30,0 |
| | ZWB | | |
| 4. | mit Faserzement-Dachplatten | m | 30,0 |
| | ZWB | | |
| 5. | mit Faserzement-Wellplatten | m | 15,0 |
| | ZWB | | |
| **15.2.6** | **Fachübergreifende Arbeiten** | | |
| 1. | Elektroarbeiten (Elektriker) | Fremd-leistung | |
| **15.2.7** | **Wartung und Pflege** | | |
| 1. | Reinigen von ebenflächigen Modulen | Stück | 5,0 |
| | ZWB | | |
| 2. | Reinigen von röhrenförmigen Modulen | Stück | 8,0 |
| | ZWB | | |

| 15.2 | Photovoltaik – Steildach | | Zeitwerte in Minuten |
|---|---|---|---|
| Nr. | Kurztext-Ausführung | Einheit | ≤ 30 m² |
| 15.2.7 | Wartung und Pflege | | |
| 3. | Überprüfen von Rahmen, Befestigungen, Verbindungen, elektr. Bauteilen, Beschädigungen, Windsogsicherung | nach Zeitaufwand | |

| 15.3 | Photovoltaik – Fassade | | Zeitwerte in Minuten |
|---|---|---|---|
| Nr. | Kurztext-Ausführung | Einheit | ≤ 30 m² |
| 15.3.1 | Anlagen vor der Fassade | | |
| 1. | Vorbereitungsarbeiten – Anlagen vor der Fassade | | |
| 1.1 | Aufnehmen, bauseits lagern und Wiedereindecken des Deckmaterials zum Einbau von Tragkonsolen | | |
| 1.1.1 | bei Dachziegeln/Dachsteinen mit Lattweite bis 16 cm, z.B. Biberschwanzdoppeldeckung | m² | 19,0 |
| | ZWB | | |
| 1.1.2 | bei Dachziegeln/Dachsteinen mit Lattweite > 16 cm | m² | 12,0 |
| | ZWB | | |
| 1.1.3 | bei Schiefer | Stück | 20,0 |
| | ZWB | | |
| 1.1.4 | bei Faserzementplatten | Stück | 20,0 |
| | ZWB | | |

➡ *Photovoltaikanlagen (15 A)*
➡ *Photovoltaik – Fassade (15.3)*

| 15.3 | Photovoltaik – Fassade | | Zeitwerte in Minuten |
|---|---|---|---|
| **Nr.** | **Kurztext-Ausführung** | **Einheit** | **≤ 30 m²** |
| **15.3.1** | **Anlagen vor der Fassade** | | |
| **2.** | **Herstellen der Tragkonstruktion – Anlagen vor der Fassade** | | |
| 2.1. | Einbau einer Hilfsbohle oder vergleichbaren Tragkonstruktion für Tragkonsoleneinbau | m | 6,0 |
| | ZWB | | |
| 2.2. | Einbau einer Tragkonsole an der Unterkonstruktion bei kleinformatigen Fassadenbekleidungsmaterialien | Stück | 30,0 |
| | ZWB | | |
| 2.3 | Einbau einer Tragkonsole auf dem Sparren bei großformatigen Fassadenbekleidungsmaterialien | Stück | 30,0 |
| | ZWB | | |
| 2.4 | Einbau einer Tragkonsole auf einem Doppelstehfalz/Winkelstehfalz | Stück | 45,0 |
| | ZWB | | |
| 2.5 | Montage der Primärschiene auf Trapezblechen | m | 15,0 |
| | ZWB | | |
| 2.6 | Montage der Aufständerung (Unterkonstruktion) auf Trapezblechen | Stück | 20,0 |
| | ZWB | | |
| 2.7 | Montage der Primärschiene auf den Tragkonsolen | m | 10,0 |
| | ZWB | | |
| 2.8 | Montage der Sekundärschiene | m | 8,0 |
| | ZWB | | |

➡ *Photovoltaikanlagen (15 A)*
➡ *Photovoltaik – Fassade (15.3)*

| 15.3 | Photovoltaik – Fassade | | Zeitwerte in Minuten |
|---|---|---|---|
| **Nr.** | **Kurztext-Ausführung** | **Einheit** | **≤ 30 m²** |
| **15.3.2** | **Anlage in Fassadenbekleidung integriert** | | |
| **1.** | **Vorbereitungsarbeiten bei fassadenintegrierten Anlagen** | | |
| 1.1 | Dachziegel/Dachsteine mit Lattweite bis 16 cm aufnehmen und bauseits lagern | m² | 19,0 |
| | ZWB | | |
| 1.2 | Dachziegel/Dachsteine mit Lattweite > 16 cm aufnehmen und bauseits lagern | m² | 12,0 |
| | ZWB | | |
| 1.3 | Schiefer aufnehmen und bauseits lagern | m² | 40,0 |
| | ZWB | | |
| 1.4 | Faserzement-Dachplatten aufnehmen und bauseits lagern | m² | 40,0 |
| | ZWB | | |
| **2.** | **Herstellen der Tragkonstruktion bei fassadenintegrierten Anlagen** | | |
| 2.1 | Einbau einer Tragkonsole auf Sparren/Konterlatte | Stück | 15,0 |
| | ZWB | | |
| 2.2 | Montage der Primärschiene auf den Tragkonsolen | m | 10,0 |
| | ZWB | | |
| 2.3 | Montage der Primarschiene über Stahltrapezblechen | m | 15,0 |
| | ZWB | | |
| 2.4 | Montage der Sekundärschiene | m | 8,0 |
| | ZWB | | |

➡ *Photovoltaikanlagen (15 A)*
➡ *Photovoltaik – Fassade (15.3)*

| 15.3 | Photovoltaik – Fassade | | Zeitwerte in Minuten |
|---|---|---|---|
| **Nr.** | **Kurztext-Ausführung** | **Einheit** | **≤ 30 m²** |
| **15.3.2** | **Anlage in Fassadenbekleidung integriert** | | |
| 2.5 | Montage der Tertiärschiene | m | 8,0 |
| | ZWB | | |
| **15.3.3** | **Höhentransport** | **abhängig von Gebäudehöhe und Transportart** | |
| **15.3.4** | **Montage der Module** | | |
| 1. | Modul auf der Trägerschiene befestigen | Stück | 30,0 |
| | ZWB | | |
| 2. | Modulkabel untereinander verbinden, Stringkabelverlegung inkl. Durchgangsprüfung | Stück | 6,0 |
| | ZWB | | |
| 3. | Wanddurchdringung für Zu- und Ableitung in der Unterfassade herstellen | Stück | 22,0 |
| | ZWB | | |
| 4. | Wanddurchdringung für Zu- und Ableitung bei kleinformatigen Fassadenbekleidungsmaterialien | Stück | 20,0 |
| | ZWB | | |
| 5. | Wanddurchdringung für Zu- und Ableitung bei großformatigen Fassadenbekleidungsmaterialien | Stück | 60,0 |
| | ZWB | | |
| 6. | Wanddurchdringung für Zu- und Ableitung in Stehfalzfassade | Stück | 45,0 |
| | ZWB | | |

➡ *Photovoltaikanlagen (15 A)*
➡ *Photovoltaik – Fassade (15.3)*

| 15.3 | Photovoltaik – Fassade | | Zeitwerte in Minuten |
|---|---|---|---|
| **Nr.** | **Kurztext-Ausführung** | **Einheit** | **≤ 30 m²** |
| **15.3.4** | **Montage der Module** | | |
| 7. | Wanddurchdringung für Zu- und Ableitung im Trapezblechfassade | Stück | 60,0 |
| | ZWB | | |
| **15.3.5** | **Anschluss der Fassadenbekleidung an die fassadenintegrierte Anlage unter Berücksichtigung der jeweiligen Fachregel für Außenwandbekleidungen und der „Fachregel für Metallarbeiten im Dachdeckerhandwerk“** | | |
| 1. | mit Dachziegeln/Dachsteinen mit Lattweite bis 16 cm und beischroten | m | 20,0 |
| | ZWB | | |
| 2. | mit Dachziegeln/Dachsteinen mit Lattweite > 16 cm und beischroten | m | 12,0 |
| | ZWB | | |
| 3. | mit Schiefer | m | 30,0 |
| | ZWB | | |
| 4. | mit Faserzementplatten | m | 30,0 |
| | ZWB | | |
| **15.3.6** | **Fachübergreifende Arbeiten** | | |
| 1. | Elektroarbeiten (Elektriker) | Fremd-leistung | |

➡ *Photovoltaikanlagen (15 A)*
➡ *Photovoltaik – Fassade (15.3)*

| 15.3 | Photovoltaik – Fassade | | Zeitwerte in Minuten |
|---|---|---|---|
| **Nr.** | **Kurztext-Ausführung** | **Einheit** | **≤ 30 m²** |
| **15.3.7** | **Wartung und Pflege** | | |
| 1. | Reinigen von ebenflächigen Modulen | Stück | 5,0 |
| | ZWB | | |
| 2. | Reinigen von röhrenförmigen Modulen | Stück | 8,0 |
| | ZWB | | |
| 3. | Überprüfen von Rahmen, Befestigungen, Verbindungen, elektr. Bauteilen, Beschädigungen, Windsogsicherung | nach Zeitaufwand | |

➡ *Photovoltaikanlagen (15 A)*
➡ *Photovoltaik-Fassade (15.3)*

## 15 B Solarthermische Anlagen

Die Zeitwerte beziehen sich auf eine Anlagengröße bis 30 m² (entspricht ca. 3 kWp).
Bei Anlagen über 30 m² ist je nach Gebäudetyp mit Auf- oder Abschlägen zu rechnen.

| **15.4** | **Solarthermie – Flachdach** | | **Zeitwerte in Minuten** |
|---|---|---|---|
| **Nr.** | **Kurztext-Ausführung** | **Einheit** | **≤ 30 m²** |
| **15.4.1** | **Vorbereitungsarbeiten bei Aufdachanlagen** | | |
| 1. | Kiesschüttung umsetzen | m² | 18,0 |
| | ZWB | | |
| 2. | Bautenschutzmatte verlegen | m² | 5,0 |
| | ZWB | | |
| **15.4.2** | **Höhentransport** | abhängig von Gebäudehöhe und Transportart | |
| **15.4.3** | **Montage der Aufständerung** (Unterkonstruktion bzgl. 1 Kollektor) | Stück | 20,0 |
| | ZWB | | |
| **15.4.4** | **Windsogsicherung** | | |
| 1. | Kiesschüttung pro 5 cm aufbringen (0,10 kN/m² je cm Dicke) | m² | 9,0 |
| | ZWB | | |
| 2. | Auflastkörper mit Plattenbelag verlegen, Größe 50/50/5 in cm (je nach Bedingungen beim Höhentransport) | m² | 25,0 - 40,0 |
| | ZWB | | |

| 15.4 | Solarthermie – Flachdach | | Zeitwerte in Minuten |
|---|---|---|---|
| **Nr.** | **Kurztext-Ausführung** | **Einheit** | **≤ 30 m²** |
| **15.4.5** | **Montage der Kollektoren** | | |
| 1. | Kollektor an Aufständerung befestigen (4 Stück Schrauben/Kollektor) | Stück | 10,0 |
| | ZWB | | |
| 2. | Kollektorleitungen untereinander verbinden inkl. Druckvorprüfung | Stück | 30,0 |
| | ZWB | | |
| **3.** | **Abdichtungsarbeiten für Zu- und Ableitung herstellen (ohne Dachdurchbruch)** | | |
| 3.1 | bei Bitumenabdichtungen | Stück | 20,0 |
| | ZWB | | |
| 3.2 | bei Abdichtungen mit Kunststoff- und Elastomerbahnen | Stück | 22,0 |
| | ZWB | | |
| 3.3 | bei Flüssigkunststoffabdichtungen | Stück | 10,0 |
| | ZWB | | |
| **15.4.6** | **Fachübergreifende Arbeiten** | | |
| 1. | Anlagenmechaniker (SHK) | Fremd-leistung | |
| **15.4.7** | **Wartung und Pflege** | | |
| 1. | Reinigen von ebenflächigen Kollektoren | Stück | 5,0 |
| | ZWB | | |

*Solarthermische Anlagen (15 B)*
*Solarthermie – Flachdach (15.4)*

| 15.4 | Solarthermie – Flachdach | | Zeitwerte in Minuten |
|---|---|---|---|
| **Nr.** | **Kurztext-Ausführung** | **Einheit** | **≤ 30 m²** |
| **15.4.7** | **Wartung und Pflege** | | |
| 2. | Reinigen von röhrenförmigen Kollektoren | Stück | 8,0 |
| | ZWB | | |
| 3. | Überprüfen von Rahmen, Befestigungen, Verbindungen, Beschädigungen, Windsogsicherung | nach Zeitaufwand | |

| 15.5 | Solarthermie – Steildach | | Zeitwerte in Minuten |
|---|---|---|---|
| **Nr.** | **Kurztext-Ausführung** | **Einheit** | **≤ 30 m²** |
| **15.5.1** | **Aufdachanlagen** | | |
| **1.** | **Vorbereitungsarbeiten bei Aufdachanlagen** | | |
| **1.1.** | **Aufnehmen, bauseits lagern und Wiedereindecken des Deckmaterials zum Einbau von Tragkonsolen** | | |
| 1.1.1 | bei Dachziegeln/Dachsteinen mit Lattweite bis 16 cm, z.B. Biberschwanzdoppeldeckung | m² | 19,0 |
| | ZWB | | |
| 1.1.2 | bei Dachziegeln/Dachsteinen mit Lattweite > 16 cm | m² | 12,0 |
| | ZWB | | |
| 1.1.3 | bei Schiefer | m² | 20,0 |
| | ZWB | | |
| 1.1.4 | bei Faserzement-Dachplatten | m² | 20,0 |
| | ZWB | | |


➡ *Solarthermische Anlagen (15 B)*
➡ *Solarthermie – Flachdach (15.4)*
➡ *Solarthermie – Steildach (15.5)*

| 15.5 | Solarthermie – Steildach | | Zeitwerte in Minuten |
|---|---|---|---|
| **Nr.** | **Kurztext-Ausführung** | **Einheit** | **≤ 30 m²** |
| **15.5.1** | **Aufdachanlagen** | | |
| **2.** | **Herstellen der Tragkonstruktion bei Aufdachanlagen** | | |
| 2.1 | Einbau einer Hilfsbohle oder vergleichbaren Tragkonstruktion für Tragkonsoleneinbau | m | 6,0 |
| | ZWB | | |
| 2.2 | Einbau einer Tragkonsole auf dem Sparren bei kleinformatigen Bedachungsmaterialien | Stück | 30,0 |
| | ZWB | | |
| 2.3 | Einbau einer Tragkonsole auf dem Sparren bei großformatigen Bedachungsmaterialien | Stück | 30,0 |
| | ZWB | | |
| 2.4 | Einbau einer Tragkonsole auf einem Doppelstehfalzdach (Neubau) | Stück | 45,0 |
| | ZWB | | |
| 2.5 | Montage der Primärschiene auf Trapezblechdächern | m | 15,0 |
| | ZWB | | |
| 2.6 | Montage der Aufständerung (Unterkonstruktion) auf Trapezblechdächern | Stück | 20,0 |
| | ZWB | | |
| 2.7 | Montage der Primärschiene auf den Tragkonsolen | m | 10,0 |
| | ZWB | | |
| 2.8 | Montage der Sekundärschiene | m | 8,0 |
| | ZWB | | |

➡ *Solarthermische Anlagen (15 B)*
➡ *Solarthermie – Steildach (15.5)*

| 15.5 | Solarthermie – Steildach | | Zeitwerte in Minuten |
|---|---|---|---|
| **Nr.** | **Kurztext-Ausführung** | **Einheit** | **≤ 30 m²** |
| **15.5.2** | **Indachanlagen** | | |
| **1.** | **Vorbereitungsarbeiten bei Indachanlagen** | | |
| **1.1** | **Deckmaterial aufnehmen und bauseits lagern zum Einbau von Tragkonsolen** | | |
| 1.1.1 | bei Dachziegeln/Dachsteinen mit Lattweite bis 16 cm, z.B. Biberschwanzdoppeldeckung | m² | 19,0 |
| | ZWB | | |
| 1.1.2 | bei Dachziegeln/Dachsteinen mit Lattweite > 16 cm | m² | 12,0 |
| | ZWB | | |
| 1.1.3 | bei Schiefer | m² | 40,0 |
| | ZWB | | |
| 1.1.4 | bei Faserzement-Dachplatten | m² | 40,0 |
| | ZWB | | |
| 1.1.5 | bei Faserzement- Wellplatten | m² | 19,0 |
| | ZWB | | |
| **2.** | **Zusatzmaßnahmen bei Indachanlagen** | | |
| **2.1** | **Herstellen eines wasserdichten Unterdaches bei Indachanlagen, deren Einbindung in die Dacheindeckung und Fügetechnik der Einbauteile untereinander nicht den jeweiligen Fachregelwerken entspricht** | | |
| 2.1.1 | Wasserdichtes Unterdach mit Bitumen-/Polymer-bitumenbahnen | m² | 40,0 |
| | ZWB | | |
| 2.1.2. | Wasserdichtes Unterdach mit Kunststoff- und Elastomerbahnen | m² | 40,0 |
| | ZWB | | |

➡ *Solarthermische Anlagen (15 B)*
➡ *Solarthermie – Steildach (15.5)*

| 15.5 | Solarthermie – Steildach | | Zeitwerte in Minuten |
|---|---|---|---|
| **Nr.** | **Kurztext-Ausführung** | **Einheit** | **≤ 30 m²** |
| **15.5.2** | **Indachanlagen** | | |
| 2.1.3 | Regensicheres Unterdach mit Bitumen-/Polymerbitumenbahnen (traufseitiger Bereich der Anlage) | m² | 40,0 |
| | ZWB | | |
| 2.1.4 | Regensicheres Unterdach mit Kunststoff- und Elastomerbahnen (traufseitiger Bereich der Anlage) | m² | 40,0 |
| | ZWB | | |
| **3.** | **Herstellen der Tragkonstruktion bei Indachanlagen** | | |
| 3.1 | Einbau einer Tragkonsole auf Sparren/Konterlatte | Stück | 15,0 |
| | ZWB | | |
| 3.2 | Montage der Primärschiene auf den Tragkonsolen | m | 10,0 |
| | ZWB | | |
| 3.3 | Montage der Primärschiene über Stahltrapezblechen | m | 15,0 |
| | ZWB | | |
| 3.4 | Montage der Sekundärschiene | m | 8,0 |
| | ZWB | | |
| 3.5 | Montage der Tertiärschiene | m | 8,0 |
| | ZWB | | |

➡ *Solarthermische Anlagen (15 B)*
➡ *Solarthermie – Steildach (15.5)*

| 15.5 | Solarthermie – Steildach | | Zeitwerte in Minuten |
|---|---|---|---|
| **Nr.** | **Kurztext-Ausführung** | **Einheit** | **≤ 30 m²** |
| **15.5.3** | **Höhentransport** | **abhängig von Gebäudehöhe und Transportart** | |
| **15.5.4** | **Montage der Kollektoren** | | |
| 1. | Kollektor auf der Trägerschiene befestigen | Stück | 30,0 |
| | ZWB | | |
| 2. | Kollektorleitungen untereinander verbinden mit Druckvorprüfung | Stück | 30,0 |
| | ZWB | | |
| 3. | Dachdurchdringung für Zu- und Ableitung im Unterdach herstellen | Stück | 22,0 |
| | ZWB | | |
| 4. | Dachdurchdringung für Zu- und Ableitung bei kleinformatigen Bedachungsmaterialien | Stück | 20,0 |
| | ZWB | | |
| 5. | Dachdurchdringung für Zu- und Ableitung bei großformatigen Bedachungsmaterialien | Stück | 60,0 |
| | ZWB | | |
| 6. | Dachdurchdringung für Zu- und Ableitung im Doppelstehfalzdach | Stück | 45,0 |
| | ZWB | | |
| 7. | Dachdurchdringung für Zu- und Ableitung in Trapezblechdächern | Stück | 60,0 |
| | ZWB | | |

➡ *Solarthermische Anlagen (15 B)*
➡ *Solarthermie – Steildach (15.5)*

| 15.5 | Solarthermie – Steildach | | Zeitwerte in Minuten |
|---|---|---|---|
| **Nr.** | **Kurztext-Ausführung** | **Einheit** | **≤ 30 m²** |
| **15.5.5** | **Anschluss der Dacheindeckung an die Indachanlage unter Berücksichtigung der jeweiligen Fachregel für Dachdeckungen und der „Fachregel für Metallarbeiten im Dachdeckerhandwerk“** | | |
| 1. | mit Dachziegeln/Dachsteinen mit Lattweite bis 16 cm und beischroten | m | 20,0 |
| | ZWB | | |
| 2. | mit Dachziegeln/Dachsteinen mit Lattweite > 16 cm und beischroten | m | 12,0 |
| | ZWB | | |
| 3. | mit Schiefer | m | 30,0 |
| | ZWB | | |
| 4. | mit Faserzement-Dachplatten | m | 30,0 |
| | ZWB | | |
| 5. | mit Faserzement- Wellplatten | m | 15,0 |
| | ZWB | | |
| **15.5.6** | **Fachübergreifende Arbeiten** | | |
| 1. | Anlagenmechaniker (SHK) | Fremd-leistung | |
| **15.5.7** | **Wartung und Pflege** | | |
| 1. | Reinigen von ebenflächigen Kollektoren | | 5,0 |
| | ZWB | | |
| 2. | Reinigen von röhrenförmigen Kollektoren | | 8,0 |
| | ZWB | | |

➡ *Solarthermische Anlagen (15 B)*
➡ *Solarthermie – Steildach (15.5)*

| 15.5 | Solarthermie – Steildach | | Zeitwerte in Minuten |
|---|---|---|---|
| **Nr.** | **Kurztext-Ausführung** | **Einheit** | **≤ 30 m²** |
| **15.5.7** | **Wartung und Pflege** | | |
| 3. | Überprüfen von Rahmen, Befestigungen, Verbindungen, Beschädigungen, Windsogsicherung | nach Zeitaufwand | |

| 15.6 | Solarthermie – Fassade | | Zeitwerte in Minuten |
|---|---|---|---|
| **Nr.** | **Kurztext-Ausführung** | **Einheit** | **≤ 30 m²** |
| **15.6.1** | **Anlagen vor der Fassade** | | |
| **1.** | **Vorbereitungsarbeiten – Anlagen vor der Fassade** | | |
| **1.1.** | **Aufnehmen, bauseits lagern und Wiedereindecken des Deckmaterials zum Einbau von Tragkonsolen** | | |
| 1.1.1 | bei Dachziegeln/Dachsteinen mit Lattweite bis 16 cm, z.B. Biberschwanzdoppeldeckung | m² | 19,0 |
| | ZWB | | |
| 1.1.2 | bei Dachziegeln/Dachsteinen mit Lattweite > 16 cm | m² | 12,0 |
| | ZWB | | |
| 1.1.3 | bei Schiefer | Stück | 20,0 |
| | ZWB | | |
| 1.1.4 | bei Faserzementplatten | Stück | 20,0 |
| | ZWB | | |
| **2.** | **Herstellen der Tragkonstruktion – Anlagen vor der Fassade** | | |

➡ *Solarthermische Anlagen (15 B)*
➡ *Solarthermie – Steildach (15.5)*
➡ *Solarthermie – Fassade (15.6)*

| 15.6 | Solarthermie – Fassade | | Zeitwerte in Minuten |
|---|---|---|---|
| **Nr.** | **Kurztext-Ausführung** | **Einheit** | **≤ 30 m²** |
| 2.1 | Einbau einer Hilfsbohle oder vergleichbaren Tragkonstruktion für Tragkonsoleneinbau | m | 6,0 |
| | ZWB | | |
| 2.2 | Einbau einer Tragkonsole an der Unterkonstruktion bei kleinformatigen Fassadenbekleidungsmaterialien | Stück | 30,0 |
| | ZWB | | |
| 2.3 | Einbau einer Tragkonsole auf dem Sparren bei großformatigen Fassadenbekleidungsmaterialien | Stück | 30,0 |
| | ZWB | | |
| 2.4 | Einbau einer Tragkonsole auf einem Doppelstehfalz/Winkelstehfalz | Stück | 45,0 |
| | ZWB | | |
| 2.5 | Montage der Primärschiene auf Trapezblechen | m | 15,0 |
| | ZWB | | |
| 2.6 | Montage der Aufständerung (Unterkonstruktion) auf Trapezblechen | Stück | 20,0 |
| | ZWB | | |
| 2.7 | Montage der Primärschiene auf den Tragkonsolen | m | 10,0 |
| | ZWB | | |
| 2.8 | Montage der Sekundärschiene | m | 8,0 |
| | ZWB | | |
| **15.6.2** | **Anlage in Fassadenbekleidung integriert** | | |
| **1.** | **Vorbereitungsarbeiten bei fassadenintegrierten Anlagen** | | |

➡ *Solarthermische Anlagen (15 B)*
➡ *Solarthermie – Fassade (15.6)*

| 15.6 | Solarthermie – Fassade | | Zeitwerte in Minuten |
|---|---|---|---|
| **Nr.** | **Kurztext-Ausführung** | **Einheit** | **≤ 30 m²** |
| **15.6.2** | **Anlage in Fassadenbekleidung integriert** | | |
| 1.1 | Dachziegel/Dachsteine mit Lattweite bis 16 cm aufnehmen und bauseits lagern | m² | 19,0 |
| | ZWB | | |
| 1.2 | Dachziegel/Dachsteine mit Lattweite > 16 cm aufnehmen und bauseits lagern | m² | 12,0 |
| | ZWB | | |
| 1.3 | Schiefer aufnehmen und bauseits lagern | m² | 40,0 |
| | ZWB | | |
| 1.4 | Faserzement-Dachplatten aufnehmen und bauseits lagern | m² | 40,0 |
| | ZWB | | |
| **2.** | **Herstellen der Tragkonstruktion bei fassadenintegrierten Anlagen** | | |
| 2.1 | Einbau einer Tragkonsole auf Sparren/Säule/Konterlatte | Stück | 15,0 |
| | ZWB | | |
| 2.2 | Montage der Primärschiene auf den Tragkonsolen | m | 10,0 |
| | ZWB | | |
| 2.3 | Montage der Primärschiene über Stahltrapezblechen | m | 15,0 |
| | ZWB | | |
| 2.4 | Montage der Sekundärschiene | m | 8,0 |
| | ZWB | | |
| 2.5 | Montage der Tertiärschiene | m | 8,0 |
| | ZWB | | |

➡ *Solarthermische Anlagen (15 B)*
➡ *Solarthermie – Fassade (15.6)*

| 15.6 | Solarthermie – Fassade | | Zeitwerte in Minuten |
|---|---|---|---|
| **Nr.** | **Kurztext-Ausführung** | **Einheit** | **≤ 30 m²** |
| **15.6.3** | **Höhentransport** | **abhängig von Gebäudehöhe und Transportart** | |
| **15.6.4** | **Montage der Kollektoren** | | |
| 1. | Kollektor auf der Trägerschiene befestigen | Stück | 30,0 |
| | ZWB | | |
| 2. | Kollektorleitungen untereinander verbinden und Druckvorprüfung | Stück | 30,0 |
| | ZWB | | |
| 3. | Wanddurchdringung für Zu- und Ableitung in der Unterfassade herstellen | Stück | 22,0 |
| | ZWB | | |
| 4. | Wanddurchdringung für Zu- und Ableitung bei kleinformatigen Fassadenbekleidungsmaterialien | Stück | 20,0 |
| | ZWB | | |
| 5. | Wanddurchdringung für Zu- und Ableitung bei großformatigen Fassadenbekleidungsmaterialien | Stück | 60,0 |
| | ZWB | | |
| 6. | Wanddurchdringung für Zu- und Ableitung in Stehfalzfassade | Stück | 45,0 |
| | ZWB | | |
| 7. | Wanddurchdringung für Zu- und Ableitung im Trapezblechfassade | Stück | 60,0 |
| | ZWB | | |

➡ *Solarthermische Anlagen (15 B)*
➡ *Solarthermie – Fassade (15.6)*

| 15.6 | Solarthermie – Fassade | | Zeitwerte in Minuten |
|---|---|---|---|
| **Nr.** | **Kurztext-Ausführung** | **Einheit** | **≤ 30 m²** |
| **15.6.5** | **Anschluss der Fassadenbekleidung an die fassadenintegrierte Anlage unter Berücksichtigung der jeweiligen Fachregel für Außenwandbekleidungen und der „Fachregel für Metallarbeiten im Dachdeckerhandwerk"** | | |
| 1. | mit Dachziegeln/Dachsteinen mit Lattweite bis 16 cm und beischroten | m | 20,0 |
| | ZWB | | |
| 2. | mit Dachziegeln/Dachsteinen mit Lattweite > 16 cm und beischroten | m | 12,0 |
| | ZWB | | |
| 3. | mit Schiefer | m | 30,0 |
| | ZWB | | |
| 4. | mit Faserzementplatten | m | 30,0 |
| | ZWB | | |
| **15.6.6** | **Fachübergreifende Arbeiten** | | |
| 1. | Anlagenmechaniker (SHK) | Fremd-leistung | |
| **15.6.7** | **Wartung und Pflege** | | |
| 1. | Reinigen von ebenflächigen Kollektoren | Stück | 5,0 |
| | ZWB | | |
| 2. | Reinigen von röhrenförmigen Kollektoren | Stück | 8,0 |
| | ZWB | | |
| 3. | Überprüfen von Rahmen, Befestigungen, Verbindungen, Beschädigungen, Windsogsicherung | nach Zeitauf-wand | |

# 16 Energetische Steildachsanierung

| 16 | Energetische Steildachsanierung | | Zeitwerte in Minuten | | |
|---|---|---|---|---|---|
| **Nr.** | **Kurztext-Ausführung** | **Einheit** | **Wohnhäuser** | **Wohnblöcke** | **Kleine Objekte** |
| **16.1** | **Planungsleistungen** | | | | |
| 16.1.1 | **Konstruktionsplanung erstellen (Neubau Steildach)**<br>Die Ausführungswünsche werden konkret überprüft und die neue Konstruktion anhand der allgemein anerkannten Regeln der Technik geplant. Für die hierfür notwendigen Maßnahmen werden Details erarbeitet. Die Ergebnisse hieraus fließen in die Kalkulation für die Angebotserstellung mit ein. | Stück | 120,0 | 180,0 | 120,0 |
| | ZWB | | | | |
| 16.1.2 | **Sanierungskonzept erstellen (Sanierung Steildach)**<br>Die Ausführungswünsche werden überprüft und die neue Konstruktion anhand der allgemein anerkannten Regeln der Technik geplant. Der aktuelle Ist-Zustand wird technisch bewertet und mit dem geplanten Soll-Zustand abgeglichen. Für die hierfür notwendigen Maßnahmen werden Details erarbeitet. Weiterhin werden bauphysikalische Berechnungen durchgeführt (U-Wert-Berechnung). Die Ergebnisse hieraus fließen in die Kalkulation für die Angebotserstellung mit ein. | Stück | 150,0 | 180,0 | 120,0 |
| | ZWB | | | | |
| 16.1.3 | **Luftdichtheitskonzept erstellen (Sanierung Steildach)**<br>Anhand der örtlichen Gegebenheiten werden Detailplanungen und Anschlussmöglichkeiten der neuen Luftdichtheitsschicht des Daches ausgearbeitet. Hier geht es im Besonderen um die Anschlusssituationen an das Mauerwerk der Traufen und Giebel, es geht um Detailausführungen der Dachdurchdringungen wie beispielsweise Kamine, Strangentlüfter und Dachflächenfenster. Die Ergebnisse hieraus fließen in die Kalkulation für die Angebotserstellung mit ein. | Stück | 240,0 | 300,0 | 240,0 |
| | ZWB | | | | |
| 16.1.4 | **Arbeitssicherheit**<br>Erstellung einer baustellenbezogenen Gefährdungsbeurteilung unter Berücksichtigung der relevanten Betriebsanweisungen und Sicherung der Wirksamkeitskontrolle. | Stück | 120,0 | 120,0 | 120,0 |
| | ZWB | | | | |

| 16 | Energetische Steildachsanierung | | Zeitwerte in Minuten | | |
|---|---|---|---|---|---|
| **Nr.** | **Kurztext-Ausführung** | **Einheit** | **Wohnhäuser** | **Wohnblöcke** | **Kleine Objekte** |
| **16.1** | **Planungsleistungen** | | | | |
| 16.1.5 | **Qualitätskontrolle und Dokumentation während der Ausführung**<br>Die Baustelle in festgelegten Intervallen kontrollieren, den Ist-Zustand mit dem Soll-Zustand abgleichen und die einzelnen Arbeitsschritte fototechnisch dokumentieren. | Stück | 240,0 | 300,0 | 180,0 |
| | ZWB | | | | |
| **16.2** | **Energetische Dachsanierung** | | | | |
| 16.2.1 | **Untergrund prüfen und ergänzen**<br>Sparren und spätere Anschlussflächen wie z.B. Trauf-/Giebelwände, Kamine besenrein abfegen (säubern), ebnen und mit einer Haftbrücke grundieren. | m | 25,0 | 20,0 | 40,0 |
| | ZWB | | | | |
| 16.2.2 | **Luftdichtheitsschicht**<br>Die Luftdichtheitsschicht parallel zur Traufe auf den Sparren unter der Wärmedämmung liefern und verlegen. | $m^2$ | 10,0 | 8,0 | 16,0 |
| | ZWB | | | | |
| 16.2.3 | **Luftdichte Anschlüsse**<br>Luftdichtheitsschicht auf den mit einer Haftbrücke grundierten Anschlussflächen mit dauerelastischem Dichtstoff anschließen.<br>Mit mechanischer Sicherung (Pressleisten) + 4,0. | m | 6,0 | 6,0 | 12,0 |
| | ZWB | | | | |
| 16.2.4 | **Aufsparrendämmung 100 mm - 120 mm**<br>Wärmedämmung liefern und fachgerecht direkt auf die Sparren als Vollflächendämmung oberhalb der Sparren verlegen. | $m^2$ | 22,0 | 22,0 | 25,0 |
| | ZWB | | | | |

➡ *Planungsleistungen (16.1)*
➡ *Energetische Dachsanierung (16.2)*

| 16 | Energetische Steildachsanierung | | Zeitwerte in Minuten | | |
|---|---|---|---|---|---|
| **Nr.** | **Kurztext-Ausführung** | **Einheit** | **Wohnhäuser** | **Wohnblöcke** | **Kleine Objekte** |
| **16.2** | **Energetische Dachsanierung** | | | | |
| 16.2.5 | **Wärmebrücken schließen**<br>Die erforderlichen Schnitte an der Aufsparrendämmung im Bereich First, Grat, Kehle, Durchdringungen sowie An- und Abschlüsse etc. mit PIR-Sprühschaum in voller Materialdicke fachgerecht ausschäumen. | m | 8,0 | 8,0 | 10,0 |
| | ZWB | | | | |
| 16.2.6 | **Dämmstofffuge abkleben**<br>Sämtliche Schnittstellen und Fugen, an denen die Dämmschicht ohne Kaschierung offen liegt, mit einem Klebeband abkleben. | m | 12,0 | 12,0 | 14,0 |
| | ZWB | | | | |
| 16.2.7 | **Glattstrich am Giebel und an der Traufe herstellen**<br>Auf unebenen waagerechten Mauerwerken einen Glattstrich mit Mörtel herstellen. | m | 20,0 | 20,0 | 30,0 |
| | ZWB | | | | |
| 16.2.8 | **Stellbretter an der Traufe herstellen**<br>An der Traufe zwischen den Sparren Stellbretter aus OSB-Streifen zuschneiden und mit Dichtungsbändern und/oder Klebebändern allseitig luftdicht anschließen. Auf der Oberkante der Stellbretter die Luftdichtheitsschicht anschließen. | m | 24,0 | 20,0 | 30,0 |
| | ZWB | | | | |
| **16.3** | **Dachfensterlösungen** | | | | |
| 16.3.1 | **Schutzmaßnahmen**<br>Verlegung von PE-Folie oder Abdeckfolien am Arbeitsplatz und den Zuwegen, einschließlich Reinigung; pro Fenster. | Stück | 30,0 | 30,0 | 30,0 |
| | ZWB | | | | |

➡ *Energetische Dachsanierung (16.2)*
➡ *Dachfensterlösungen (16.3)*

| 16 | Energetische Steildachsanierung | | Zeitwerte in Minuten | | |
|---|---|---|---|---|---|
| **Nr.** | **Kurztext-Ausführung** | **Einheit** | **Wohnhäuser** | **Wohnblöcke** | **Kleine Objekte** |
| **16.3** | **Dachfensterlösungen** | | | | |
| 16.3.2 | **Ausbau Dachflächenfenster**<br>Ausbau von vorhandenen Dachflächenfenstern sowie Abtransport und Entsorgung. Im Preis enthalten ist das Aufnehmen der vorhandenen Dacheindeckung um das Fenster. | Stück | 80,0 | 80,0 | 80,0 |
| | ZWB | | | | |
| 16.3.3 | **Dachöffnung Dachflächenfenster**<br>Herstellung einer Dachöffnung im Steildach zum Einbau von Dachflächenfenstern wie folgt:<br>- Aufnehmen der vorhandenen Dacheindeckung; Zwischenlagerung zur Wiederverwendung und Schuttabtransport,<br>- Aufnehmen der inneren Deckenbekleidung (Putz, Putzträger, Holz) und Schuttabtransport. | Stück | 180,0 | 180,0 | 180,0 |
| | ZWB | | | | |
| 16.3.4 | **Rückbau vorhandene Fensterleibung**<br>Aufnehmen der inneren Bekleidung der Fensterleibungen (Putz, Putzträger, Holz) und Schuttabtransport. | Stück | 50,0 | 50,0 | 50,0 |
| | ZWB | | | | |
| 16.3.5 | **Beideckung Dachflächenfenster**<br>Fachgerechte Beideckung der neu eingebauten Dachflächenfenster in die vorhandene Dacheindeckung mit vorhandenem Material sowie Hinzulieferung von neuem Ergänzungsmaterial. | Stück | 50,0 | 50,0 | 50,0 |
| | ZWB | | | | |
| 16.3.6 | **Wechsel für Dachwohnraumfenster**<br>Herstellen eines Wechsels für Dachwohnraumfenster, einschließlich Ausschneiden der Dachsparren und Einsetzen von Holzbohlen als Unterstützung des Fensterrahmens. | Stück | 130,0 | 130,0 | 130,0 |
| | ZWB | | | | |

| 16 | Energetische Steildachsanierung | | Zeitwerte in Minuten | | |
|---|---|---|---|---|---|
| **Nr.** | **Kurztext-Ausführung** | **Einheit** | **Wohnhäuser** | **Wohnblöcke** | **Kleine Objekte** |
| **16.3** | **Dachfensterlösungen** | | | | |
| 16.3.7 | **Wechsel für Fensterkombinationen**<br>Wechsel für zwei Dachwohnraumfenster nebeneinander:<br>Herstellen eines Wechsels für zwei Dachwohnraumfenster einschließlich Ausschneiden der Dachsparren und Einsetzen von Holzbohlen als Unterstützung des Fensterrahmens. | Stück | 300,0 | 300,0 | 300,0 |
| | ZWB | | | | |
| 16.3.8 | **Dämm- und Montagerahmen**<br>Für den leichten, wärmebrückenfreien Einbau von Wohnraumfenster in harte Unterdächer. Regensichere und winddichte Verbindung zwischen Fenster und Aufsparrendämmung. | Stück | 50,0 | 50,0 | 50,0 |
| | ZWB | | | | |
| 16.3.9 | **Wohnraumfenster von 55 cm x 78 cm bis 78 cm x 118 cm**<br>Ausstiegs-, Schwing- oder Klapp-Schwing-Fenster aus Holz oder Kunststoff liefern, montieren und an der vorhandenen Unterdeckung anschließen. | Stück | 250,0 | 250,0 | 250,0 |
| | ZWB | | | | |
| 16.3.10 | **Wohnraumfenster von 78 cm x 140 cm bis 134 cm x 160 cm**<br>Ausstiegs-, Schwing- oder Klapp-Schwing-Fenster aus Holz oder Kunststoff, liefern, montieren und an der vorhandenen Unterdeckung anschließen. | Stück | 330,0 | 330,0 | 330,0 |
| | ZWB | | | | |
| 16.3.11 | **Eindeckrahmen inkl. Dämm- und Anschlussrahmen von 55 cm x 78 cm bis 78 cm x 118 cm**<br>Geeignet für Dächer mit flachem oder profiliertem Eindeckmaterial. Inklusive Dämm- und Anschluss-Set. Einschließlich diffusionsoffener Anschlussschürze und Wasserableitrinne für einen regensicheren Anschluss. | Stück | 60,0 | 60,0 | 60,0 |
| | ZWB | | | | |

| 16 | Energetische Steildachsanierung | | Zeitwerte in Minuten | | |
|---|---|---|---|---|---|
| **Nr.** | **Kurztext-Ausführung** | **Einheit** | **Wohnhäuser** | **Wohnblöcke** | **Kleine Objekte** |
| **16.3** | **Dachfensterlösungen** | | | | |
| 16.3.12 | **Eindeckrahmen inkl. Dämm-und Anschlussrahmen von 78 cm x 140 cm bis 134 cm x 160 cm**<br>Geeignet für Dächer mit flachem oder profiliertem Eindeckmaterial. Inklusive Dämm- und Anschluss-Set. Einschließlich diffusionsoffener Anschlussschürze und Wasserableitrinne für einen regensicheren Anschluss. | Stück | 80,0 | 80,0 | 80,0 |
| | ZWB | | | | |
| 16.3.13 | **Ausgestellte Lichtlösung mit zwei Fenstern nebeneinander**<br>Zwei Schwing- oder Klapp-Schwing-Fenster aus Holz oder Kunststoff, nebeneinander in vorbereitete Dachöffnung einbauen, inkl. Knicksparren, gedämmten Aufkeilrahmen und Eindeckrahmen. | Stück | 800,0 | 800,0 | 800,0 |
| | ZWB | | | | |
| 16.3.14 | **Ausgestellte Lichtlösung mit zwei Fenstern neben- und zwei Fenstern übereinander**<br>Vier Schwing- oder Klapp-Schwing-Fenster aus Holz oder Kunststoff, neben- und übereinander in vorbereitete Dachöffnung einbauen, inkl. Knicksparren, gedämmten Aufkeilrahmen und Eindeckrahmen. | Stück | 1700,0 | 1700,0 | 1700,0 |
| | ZWB | | | | |
| 16.3.15 | **Solar-Rollladen**<br>Rollladenpanzer aus Aluminiumlamellen. Elektrobedienung über Funk-Fernbedienung. Liefern und einbauen. | Stück | 120,0 | 120,0 | 120,0 |
| | ZWB | | | | |
| 16.3.16 | **Solar-Markise**<br>Markisenstoff aus wetterbeständigem, lichtdurchlässigem oder verdunkelndem Gewebe. Elektrobedienung über Funk-Fernbedienung. Liefern und einbauen. | Stück | 110,0 | 110,0 | 110,0 |
| | ZWB | | | | |

| 16 | Energetische Steildachsanierung | | Zeitwerte in Minuten | | |
|---|---|---|---|---|---|
| **Nr.** | **Kurztext-Ausführung** | **Einheit** | **Wohnhäuser** | **Wohnblöcke** | **Kleine Objekte** |
| **16.3** | **Dachfensterlösungen** | | | | |
| 16.3.17 | **Wärmedämmung und Dampfsperrschürze**<br>Wärmedämmung umlaufend um das neu eingebaute Dachfenster mit Nacharbeiten. Dampfsperrschürzen für den fachgerechten Anschluss der Fenster an die Luftdichtheitsschicht und Dampfsperre des Daches. Geeignet für beliebige Dachkonstruktionen. | Stück | 100,0 | 100,0 | 100,0 |
| | ZWB | | | | |
| 16.3.18 | **Wärmedämmung und Dampfsperrschürze - Ausgestellte Lichtlösung mit zwei Fenstern**<br>Wärmedämmung umlaufend um das neu eingebaute Dachfenster mit Nacharbeiten. Dampfsperrschürzen für den fachgerechten Anschluss der Fenster an die Luftdichtheitsschicht und Dampfsperre des Daches. Geeignet für beliebige Dachkonstruktionen. | Stück | 320,0 | 320,0 | 320,0 |
| | ZWB | | | | |
| 16.3.19 | **Wärmedämmung und Dampfsperrschürze - Ausgestellte Lichtlösung mit vier Fenstern**<br>Wärmedämmung umlaufend um das neu eingebaute Dachfenster mit Nacharbeiten. Dampfsperrschürzen für den fachgerechten Anschluss der Fenster an die Luftdichtheitsschicht und Dampfsperre des Daches. Geeignet für beliebige Dachkonstruktionen. | Stück | 450,0 | 450,0 | 450,0 |
| | ZWB | | | | |
| 16.3.20 | **Innenfutter Einzelfenster**<br>Für Fenster in Dachbereichen ohne Abseite oder als Grundelement für andere Einbausituationen. Für Dachdicken von 17 cm bis 50 cm und Dachneigungen von 15° bis 90°. Mit gebogenen Teilen über und unter dem Fenster für mehr Platz zur Einbringung von Wärmedämmung. Oberflächen mit weißer, seidenmatter Kunststoff-Beschichtung, Abdeckleisten weiß foliert. | Stück | 350,0 | 350,0 | 350,0 |
| | ZWB | | | | |